Die

deutsche Druckersprache.

Die

deutsche Druckersprache.

Von

Dr. Heinrich Klenz.

Straßburg,
Verlag von Karl J. Trübner.
1900.

Herrn Archivar Dr. P. Albert

gewidmet.

Vorwort.

Nachdem die deutsche Studentensprache durch Prof. Dr. Friedrich Kluge (Straßburg 1895) und die deutsche Soldatensprache durch Privatdocent Dr. Paul Horn (Gießen 1898) ihre Bearbeitung gefunden haben, biete ich, eine weitere Lücke in der Erforschung der deutschen Berufssprachen auszufüllen, den Versuch einer Bearbeitung der deutschen Druckersprache dar, welche durch die bevorstehende Gutenbergfeier nahegelegt wurde.

Zu besonderem Danke bin ich der Bibliothek des Börsenvereins der deutschen Buchhändler für die bereitwillige Hergabe von alten Format- und anderen typographischen Lehrbüchern sowie von seltenen Postulat- und sonstigen Druckergedichten verpflichtet.

Leipzig, den 24. Mai 1900.

Der Verfasser.

Inhaltsverzeichnis.

Verzeichnis

der hauptsächlichsten Quellenschriften

(die nur mit den Namen der Verfasser citiert wurden).

Hornschuch. 1634. — „Ὀρθοτυπογραφία. Das ist: Ein kurtzer Vnterricht / für die jenigen / die gedruckte Werck corrigiren wollen; Vnd Eine erjnnerung für die / welche jhre Schrifften / oder verfertigte Werck außgehen lassen / Nützlich / vnd nothwendig. Am Ende seynd hinzugethan / viel vnd mancherley Arten vnd Namen der Schrifften / die bey den Buchdruckern gebräuchlich / vnd sonderlich in Gregorio Ritzschens Druckerey / jetzo zu befinden / alle / vnd jede mit einem Spruch für Augen gestellet / daraus der günstige Leser eligiren vnd nehmen möge / mit welcher er sein verfertigtes Werck wolle drucken lassen. Hiebevor Lateinisch beschrieben von HIERONYMO Hornschuchen / von Henfſtadt in Francken / der Artzney Doctore. Jetzo aber Auff inständiges Anhalten in Teutsche Sprach gebracht / vnd zum Druck verfertiget / durch T. H. D. Endlich ist auch mit angehengt ein gründlicher Bericht / H. D. Daniel Kramers / wo / wenn vnd wer solche werthe Kunst erfunden. Männiglichen zu guter Nachrichtung auffs newe gedruckt zu Leipzig / in Gregorio Ritzschens Buchdruckerey / Anno 1634."

Dr. Hornschuch hatte sich „in Druckereyen für einen Correctorn gebrauchen lassen / vnd solches etliche Jahr nacheinander getrieben". — Die Übersetzung des zuerst 1608 in lat. Sprache erschienenen Büchleins rührt

— nach Wolfs Monumenta Typographica I Bibl. 32 — von Dr. Tobias Heydenreich her. Sie ist, außer der auf dem Titel genannten Predigt des Superintendenten Kramer vom Jahre 1611, u. a. auch noch S. 107—133 um das Gedicht „Der Edle Greiff", das vom Greifen im Buchdruckerwappen ausgeht, vermehrt.

Gveintz. 1640. — Die aus einem Jubelgedichte Gveintz' stammenden Reime, welche die Drucker- und Setzer-Werkzeuge, Schriften u. s. w. anführen, sind an der Spitze der Beilagen wiedergegeben, woselbst Näheres zu finden.

Vietor. 1664. — „Format-Büchlein / Oder vorgestellte Nachrichtungs-Figuren / Wie man Auff der Löblichen Kunst Buchdruckerey In allen Groß- vnd Kleinen Formaten Die Columnen recht ordentlich außschiessen vnd stellen soll: Mit Nothwendigem Vnderricht in Abtheilung der Halbbögen / 3 Th. 4 Th. 6 Th. ꝛc. Der Kunst zu Ehren / Vnd allen Ehrliebenden Kunstverwandten zu Nutzlichem Gebrauch übersehen vnd verbessert / Durch JOHANNEM LUDOVICUM VIETOREM, Gissensem Hass. Gedruckt im Jahr Christi 1664."

Der Verf. bezeichnet sich am Schlusse der Zuschrift als „der Kunst getr. Anverw[andter]". — Er druckte zuerst 1654 in Luzern einige Formate auf einzelnen Blättern zu seiner „selbsteygnen Nachrichtung" ab.

Redinger. 1679. — „Neu-auffgesetztes Format-Büchlein / . . . vorgestellet durch JOHANNEM LUDOVICUM VIETOREM. Anjetzo aber übersehen / vermehrt und verbessert / . . . neben beygefügtem DEPOSITION-Büchlein in Druck verfertiget Von Jacob Redinger . . . Franckfurt am Mayn / Gedruckt bey Johann Georg Drullmann / . . . 1679 . . ."

Der Verf. bezeichnet sich am Schlusse der Dedicatio als „Typogr.".

Schmatz. 1684. — „Neu-vorgestelltes Auf der Löblichen Kunst Buchdruckerey Gebräuchliches Format-Buch / Worinnen Allerhand Nachrichtungs-Figuren / Die Columnen recht auszuschiessen / mit nothwendigen Unterricht in Abtheilung der Halb-Bögen / Drittheil / Viertheil / Sechstheil / ꝛc. zu finden seyn. Wie auch Griech- und Lateinische Abbreviaturen / Alchimistische und Apothecker-Zeichen / mit vier Tafeln / worin man jeden Bogens erste Columnen-Ziffer gleich finden kan. Nebst angehengter DEPOSITION, In Teutsch-

und Niedersächsische Sprache. Allen Kunstverwandten zu nutzlichen Gebrauch übersehen und verbessert / Durch Daniel Michael Schmatzen / von Wittenberg. SULTZBACH / Druckts Johann Holst / 1684."

Der Verf. dieses Formatbuches war, wie er sich am Schlusse der Vorrede bezeichnet, ein „der Kunst Anv[erwandter]".

Pater. 1710. — „De Germaniae miraculo optimo, maximo, typis literarum, earumqve differentiis, dissertatio, qva simul artis typographicae universam rationem explicat Paulus Pater, PP. Prostat Lipsiae, Apud Jo. Frider. Gleditsch et filium. Anno M.DCC.X."

Der Verf. mußte — nach Jöchers Gelehrtenlexikon — in der Jugend seinen Unterhalt „in den Buchläden" zu Breslau suchen und war später Professor der Mathematik am Gymnasium zu Danzig. Die Dissertation ist wieder abgedruckt in Wolfs Monumenta typographica II 705—866; ich benutzte die Schrift selbst.

Ernesti. 1721. — „Die Wol-eingerichtete Buchdruckerey, mit hundert und achtzehen Teutsch- Lateinisch- Griechisch- und Hebräischen Schrifften, vieler fremden Sprachen Alphabeten, musicalischen Noten, Calender-Zeichen, und Medicinischen Characteren, Ingleichen allen üblichen Formaten bestellet, und mit accurater Abbildung der Erfinder der löblichen Kunst, nebst einer summarischen Nachricht von den Buchdruckern in Nürnberg, ausgezieret. Am Ende ist das gebräuchliche DEPOSITIONS-Büchlein angefüget. Nürnberg, gedruckt und zu finden bey Johann Andreä Endters seel. Sohn und Erben. 1721."

Unter dem Vorbericht nennt sich als Verf. „Joh. Heinrich Gottfried Ernesti", welcher Faktor der Endterschen Buchdruckerei in Nürnberg war. Das Depositionsbüchlein hat derselbe, wie es im Vorbericht heißt, „meistens behalten, wie es von dem Seel. Johann Rist verfasset worden, und von undenklichen Jahren her bei den Kunst-Verwandten üblich ist. Nur habe ich, was hier und dar einem oder dem andern ein Aergernis, oder sonst Verdruß, verursachen könnte, wolbedächtlich weggelassen". Das Werk beginnt mit der „Abbildung der allerersten, und etlich anderer berühmter Buchdrucker" (Brustbilder und Text), woran sich unmittelbar anschließt die „Summarische Nachricht von den Buchdruckern in Nürnberg", die mit „E. R.", d. i. — nach Wolfs Monumenta typographica — Erhard Reusch, unterzeichnet ist; von Ernesti rührt nur der folgende, technische Teil her. — Eine 2., etwas veränderte Auflage erschien nach des Verf. Tod 1733; ihr ist das Depositionsbüchlein nicht angehängt.

Werther. 1721. — „Warhafftige Nachrichten Der so alt- als berühmten Buchdrucker-Kunst ... Von Johann David Werthern. Franckfurth und Leipzig / Zu finden bey Johann Felix Bielcken. 1721."

Der Verf. betitelt sich unter der aus Jena datierten Vorrede: „Fürstl. Sächs. 41 Jähriger Hof-Buchdrucker, Notar. Publ. Caesar. des Stadt-Raths-Collegii ältester Ober-Cämmerer, Commissarius und Gerichts-Schöppe."

Anmerkungen zu Werther. 1721. — „Der Jenaischen Buchdrucker-Gesellschafft Nöthige Anmerckungen Und erlaubte Zugaben / So da zeigen, Wie partheyisch / unkunstmäßig und straffbahr Johann David Werther zu Jena ... Bey Edirung Der sogenannten wahrhafftigen Nachrichten ... sich aufgeführet ... Jena / zu finden in denen Buchdruckereyen daselbst. 1721."

Thun. 1724. — „Neu-verbessertes Auf der Löbl. Kunst-Buchdruckerey Nützlich zu gebrauchendes Format-Buch ... Deme beygefüget Etliche Orientalische Alphabeten / Griechische und Lateinische Abbreviaturen / Medicinisch-Chymische Characteren und Apotecker-Gewicht; Abdruck einiger Schrifft-Proben ... Nebst dem gebräuchlichen DEPOSITION-Büchlein ... Mit einer Vorrede ... von Erfindung der Buchdrucker-Kunst ... abermahl in Druck ausgefertiget von J. N. T. Lübeck und Leipzig / bey Johann Nicolaus Thun. 1724."

Das Buch hat 4 Paginierungen: 1. den „Vorrede" genannten geschichtlichen Teil; 2. die Alphabete, Abbreviaturen, Charaktere und Schriftproben unter dem besonderen Titel: „Nachrichtliche Verzeichniß Etlicher Orientalischen Alphabethen ... Lübeck / bey Samuel Struck. 1714"; 3. das eigentliche Formatbuch ohne besonderen Titel; 4. das Depositionsbüchlein unter dem besonderen Titel: „DEPOSITIO CORNUTI TYPOGRAPHICI ... LUBECK / bey Samuel Struck. Im Jahr Christi , 1714." — Wolf sagt in der dem I. Bande seiner Monumenta typographica vorgesetzten Bibliographie S. 64 nach Anführung obigen Buches: „Hic liber cum Struckii Neuverfasseten Format-Buche prorsus convenire videtur", worauf ja schon die Sondertitel der 2. und 4. Paginierung hinweisen. Mir ist es nicht möglich gewesen, das Strucksche Buch einzusehen, dessen Titel, nach Wolf a. a. O. S. 48, lautet: „Neuverfassetes ... Format-Buch ... [fast ganz wie oben] ausgefertiget von S. S. Lübeck und Leipzig bey Samuel Struck. 1715." Indes wird Thun wohl nicht viel mehr als das Titelblatt geändert haben, abgesehen davon, daß bei Struck das eigentliche Formatbuch höchstwahrscheinlich auf die geschichtliche „Vorrede" gefolgt ist.

Wolf. 1740. — „Monumenta typographica, qvae artis hujus praestantissimae originem, laudem et abusum posteris produnt, instaurata studio et labore Jo. Christiani Wolfii, in Gymnasio Hamburgensi professoris publici. Pars prima. Pars secunda. Hamburgi, sumtibus Christiani Heroldi. Ao. MDCCXL."

Ein sehr schätzbares Sammelwerk, das, nach vorausgeschickter bibliographischer Übersicht, eine große Anzahl älterer auf die Buchdruckerkunst bezüglicher Schriften größeren und kleineren Umfanges — die deutschen allerdings in lateinischer Übersetzung — teils vollständig teils im Auszuge wiedergiebt.

Geßner-Hager. 1740. 40. 41. 45. — „Die so nöthig als nützliche Buchdruckerkunst und Schriftgießerey, mit ihren Schriften, Formaten und allen dazu gehörigen Instrumenten abgebildet auch klärlich beschri^ben, und nebst einer kurzgefaßten Erzählung vom Ursprung und Fortgang der Buchdruckerkunst, überhaupt, insonderheit von den vornehmsten Buchdruckern in Leipzig und andern Orten Teutschlandes im 300 Jahre nach Erfindung derselben ans Licht gestellet. Mit einer Vorrede Herrn Johann Erhard Kappens, Prof. Eloqu. Publ. in Leipzig und des großen Fürsten-Collegii Collegiatens daselbst. Vier Theile. Leipzig, bey Christian Friedrich Geßner. 1740. 40. 41. 45."

Hierin ist u. a. enthalten: I 161—242 (zweite Paginierung): „Versuch eines wohl eingerichteten Wörterbuchs, Worinnen die meisten Kunstwörter, Welche So wohl in den Buchdruckereyen, als auch bey andern Profeßionen, so mit denselben eine Verwandschaft haben, gebräuchlich sind, In alphabetischer Ordnung angeführet, und deutlich erkläret werden"; II 187—224: „Fortgesetzter Versuch" u. s. w.; III 438—460: Fortsetzung des Wörterbuchs; — IV enthält keine weitere Fortsetzung desselben. — Der geschichtliche und biographische Teil des Werkes rührt von „M. J. G. H. V. O." d. i. — nach Wolfs Monumenta typographica — Jo. Ge. Hager — her. Ich wählte deshalb die Bezeichnung „Geßner-Hager" für dieses vierbändige Werk, zur Unterscheidung von dem einbändigen „Geßner".

Geßner. 1743. — „Der in der Buchdruckerei wohl unterrichtete Lehr-Junge Oder: bey der Löblichen Buchdruckerkunst Nöthige und nüzliche Anfangsgründe, Darinnen alles, was bey selbiger in Acht zu nehmen und zu lernen vorfällt, von einem Kunstverwandten mitgetheilet wird. Leipzig, bey C. F. Geßner. 1743."

Angehängt ist mit besonderer Paginierung die „Depositio cornuti typographici“ sowie ein Ehrengedicht auf die Buchdruckerkunst von Heinr. Aug. Wildenhayn u. s. w.

Täubel. 1805. — „Allgemeines theoretisch-practisches Wörterbuch der Buchdruckerkunst und Schriftgießerey, in welchem alle bey der Ausübung derselben vorkommende und in die damit verwandten Künste, Wissenschaften und Gewerbe einschlagenden Kunstwörter nach alphabetischer Ordnung deutlich und ausführlich erklärt werden. Von Christian Gottlob Täubel, kaiserl. königl. privileg. Buch- und Musikalien-Drucker in Wien. Zwey Bände. Mit erläuternden Kupfern, Figuren und Tabellen. Wien, 1805. Gedruckt in Christian Gottlob Täubels kaiserl. königl. privileg. Officin, auf Kosten einiger Kunstfreunde.“

Der I. Band enthält die Buchstaben A—C auf 152 Seiten und verschiedene Tabellen. Der II. Band enthält die Buchstaben D—Z auf 88 Seiten; einen für sich paginierten „Anhang“, in welchem S. 21—28 die „Buchdrucker-Kunstwörter in französischer Sprache“, S. 29—40 dieselben in italienischer Sprache wiedergegeben werden, und der zugleich als Ergänzung des in den letzten Buchstaben unvollständigen Wörterbuches dienen kann; dann ohne Paginierung die Formatlehre u. s. w.; hierauf wiederum für sich paginiert „Reden bey der Aufnahme eines neuen Mitgliedes in die Buchdrucker-Gesellschaft“ auf 15 Seiten; schließlich mehrere Kupfertafeln und Tabellen.

Waldow. 1884. — „Illustrierte Encyklopädie der graphischen Künste und der verwandten Zweige . . . Herausgegeben unter Mitwirkung bewährter Fachgenossen von Alexander Waldow . . . Leipzig, Druck und Verlag von Alexander Waldow 1884.“

Unter **Druckersprache** verstehe ich die in den Kreisen der **Drucker** und **Setzer** — welche beiden mit dem gemeinsamen Namen „Buchdrucker“ bezeichnet werden — sowie der **Schriftgießer** übliche Sprache. Die letzteren wurden zwar nicht in die Gesellschaft der Buchdrucker aufgenommen (Werther 57), doch standen sie mit ihnen in engstem Geschäftsverkehr. Schon Harsdörffer (Gesprächspiele, Teil IV, Nürnberg 1644, S. 409) faßt diese drei Berufszweige zusammen, indem er sagt: „Dieses gantze Kunstwerk bestehet in den Buchstabgiessen / Setzen und Drucken.“

Die deutsche Druckersprache hat sich unter dem Einfluß der **lateinischen Gelehrtensprache** gebildet. Die Geschichte der Buchdruckerkunst zeigt, in wie naher Beziehung die Buchdrucker der ersten Zeit zu den Gelehrten gestanden haben. Die Buchdruckerherren waren meist selbst Gelehrte; die Buchdruckerlehrlinge ließen sich, wenn eine Universität am Orte war, nicht selten in der Artistenfakultät derselben immatrikulieren. So kam es, daß die Buchdrucker studentische Gebräuche annahmen (s. den Artikel „Deposition“ im Wörterbuche) und sich der lateinischen Sprache vielfach bedienten, in der damals noch alle Vorlesungen gehalten und die meisten Bücher gedruckt wurden. Hieraus erklärt sich die große Anzahl lateinischer Benennungen im

Wortschatz der deutschen Druckersprache. Noch heute sagt der Setzer nicht „Seite“, sondern „Kolumne“; nicht „Absatz“, sondern „Alinea“; nicht „(runde) Klammer“, sondern „Parenthese“; nicht „Bindestrich“, sondern „Divis“; nicht „Anmerkung“, sondern „Note“ u. s. w. Er befestigt das „Manuskript“ des „Autors“ am „Tenakel“ mit dem „Divisorium“. Er nennt sich gerne, ebenso wie der Drucker, „Typograph“, wenn er es noch nicht zum „Korrektor“ oder gar zum „Faktor“ gebracht hat. Die Namen der beiden Hauptschriftgattungen, „Antiqua“ und „Fraktur“, sowie die vieler Schriftgrade, z. B. Cicero, Korpus, Text, sind lateinisch; desgleichen fast alle „Format“-Bezeichnungen, wie Folio, Quart, Oktav, Duodez, Sedez. Auch darf hier das in der Schriftsprache zu vielfältiger Entwicklung gelangte Wort „Presse“ nicht vergessen werden. — Aus dem Lateinischen stammen folgende Wörter der deutschen Druckersprache:

Abbreviatur, accentuierte Buchstaben, Accidenzien, Alinea, alineieren, Allegat (veraltet), Antiqua, Apostroph (urspr. griech.), Assessor (veraltet), Autor, Brevier (früherer Schriftgrad), Charakter (urspr. griech.), Cicero (Schriftgrad), Citat, Citationszeichen (veraltet), Cornelius (desgl.), Dedikation, Defekt, deleatur, Deposition (veraltet), deputierter Geselle (desgl.), Distinktionszeichen (desgl.), Divis, Divisorium, Duerne, Duodez, duplieren, Errata, Exemplar (veraltet für Manuskript), Exklusion (veraltet), extendieren, Faktor, Figur, Finalstock, Folio (eigtl. Format in folio), Form, Format, Fraktur, Fundament, Hyphen (urspr. griech., veraltet), imprimatur, Index, Initiale, Instrument, Interpunktion, Introitus (veraltet), justieren und Justorium, Kanon (urspr. griech.), Kapital(steg), Kapitälchen, kollationieren, Kolon (urspr. griech.), Kolumne (Seite), Komma (urspr. griech.), kompreß, konfirmieren (veraltet), Konkordanz, konsensweise (veraltet), Kornut (desgl.), Korpus, Korrektor, Korrektur, korrigieren, Kurrentschrift, Kursiv, Kustos, Ligatur, Linie (Zeile), Litter (veraltet), Litur, Makulatur und makulieren, Mandatformat (veraltet), Manuskript, Marginalien, Massa (veraltet), Mater, Materie (veraltet für Schriftmaterial), Matrize, Mediävalschriften, Missal, mundieren (die Buchstaben von dem ausgeschossenen Metall reinigen), musierte Buchstaben,

Norm, Notabene, Note, Offizin, Oktav, Pagina und paginieren, Paragraph (urspr. griech.), Parenthese (desgl.), Patentformat (veraltet), Patrize (nach Analogie von „Matrize" gebildet), Patrone, Plakatschriften, plan (veraltet), postulieren (‚fordern', vgl. Forderthaler) und Postulat (veraltet), Presse, Prime, Prinz (vgl. Prinzipal, veraltet), Punkt, Punktur, Quadrat, Quart, Quaterne, Quinterne, Regal (Schriftgrad, veraltet), Register, Respektblatt, revidieren, Revision, Revisor, Roman (Schriftgrad, veraltet), Rubrik, Sedez, Sekunda (Schriftgrad, veraltet), Sekunde (die zweite Bogenseite), Semikolon, Session (veraltet), Sexterne, Signatur und signieren, Skelettschrift (urspr. griech.), Societät (veraltet), spatiinieren (statt: spatiieren), Spatium, Summarium, Tabelle, Tenakel (gekürzt aus retinaculum; noch 1754 findet sich „Retinacul"), Tertia, Text (Schriftgrad), Titel, Triterne, Type (urspr. griech.), Typograph und Typographie (desgl.), Unciale, Vakat, verintroduzieren, Versalie.

Eine nicht geringe Anzahl der noch jetzt gebräuchlichen lateinischen Benennungen ist unangetastet geblieben, ohne daß auch nur der Versuch einer **Verdeutschung** gemacht worden wäre. Bei einer zweiten Klasse ist die Verdeutschung nicht durchgedrungen. Übersetzungen wie „Heber, Abteiler, Gebrochene, Einschluß, Zeichnung, Übersetzer" fanden keinen Anklang; der Buchdrucker sagte nach wie vor: Tenakel, Divisorium, Fraktur, Parenthese, Signatur, Revisor. Eine dritte Klasse der aus dem Lateinischen stammenden Wörter ist zwar noch in Gebrauch, wird aber durch die Verdeutschungen immer weiter zurückgedrängt. So wird neben dem bis gegen die Mitte des 18. Jahrhunderts noch ausschließlich vorkommenden, obwohl barbarischen Worte „Abbreviatur" jetzt häufig „Abkürzung" gebraucht, welches von Geßner-Hager nur schüchtern und unter Begründung vorgeschlagen wurde; das „Semikolon" hat an Beliebtheit viel verloren zu Gunsten des zuerst 1644 als „Strichpünktlein" auftretenden „Strichpunktes"; und die „Errata" haben den „Druckfehlern" das Feld fast ganz überlassen müssen. Weiteres ist aus folgender Zusammenstellung der Verdeutschungen zu ersehen.

Abkürzung für Abbreviatur (zuerst von Geßner-Hager gebraucht mit der Begründung, daß sich dieses Fremdwortes „so gar die rechten Lateiner schämen"); Absatzzeichen (Täubel) für Paragraph; Abteiler, Blatthalter, Zeilenweiser (alle drei bei Täubel) für Divisorium; die Fehler ändern (1644) für korrigieren (vom Setzer); Anführungszeichen (zuerst bei Täubel) für signum citationis; Anmerkung (zuerst bei Geßner) für Note; Ausrufungszeichen (zuerst bei Täubel, vgl. Verwunderungszeichen) für exclamatio; Beistrichlein (zuerst 1644) oder bloß Strichlein für Komma; Besserer (1589) für Korrektor; bestätigen (zuerst 1606) für konfirmieren; Blatthüter und Folgezeiger (beide bei Marahrens 1870, „Hüter" schon bei Hornschuch) für Kustos; Blattzeichen und Zeichnung (bei Geßner) für Signatur (die die Bogenzahl angebende Ziffer am Fuß der ersten und dritten Seite); Boden (1630) für Fundament; Druckfehler (zuerst 1684) für errata typographica; Einschluß (zuerst 1644) für Parenthese; Gebrochene (1661) für Fraktur; Gevierte (zuerst bei Täubel) für Quadrate; gleichsetzen (1644) für justieren; Heber (1630) für Tenakel; Hinterstrich und Häklein (zuerst 1644) für Apostroph; Mittelstrichlein (zuerst 1644) für Divis; Mutter (zuerst 1702) für Mater; Randglossen (Täubel), halbe Verdeutschung für Marginalien; Schriftsetzer (zuerst 1625) für typotheta; Schriftzeichen (Geßner) für Paragraph; Strichpünktlein (zuerst 1644) für Semikolon; Sudelpapier (zuerst bei Geßner) für Makulatur; Teilungszeichen (zuerst bei Geßner) für Divis; Überseher (1696, „Wiederüberseher" bei Geßner) für Revisor; Unterscheidungszeichen (zuerst bei Geßner-Hager, „Unterscheidung" und „Unterscheidungspunct" schon bei Hornschuch) für signum distinctionis; vergleichen (zuerst bei Geßner) für justieren (eine Kolumne); Verwunderungszeichen (zuerst 1644) für admiratio; Zueignungsschrift (zuerst bei Geßner) und Zuschrift (zuerst bei Vietor) für Dedikation; zusammengedruckt (zuerst bei Geßner) für kompreß.

Mit dem immer loser werdenden Zusammenhang zwischen den Buchdruckereien und den Universitäten nahm auch die humanistische Bildung der Buchdrucker ab. Manche lateinische Benennungen wurden von ihnen bald nicht mehr in ihrer eigentlichen Bedeutung erfaßt und daher **verunstaltet** und **zu ähnlich lautenden deutschen** (oder französischen) **Wörtern in Beziehung gebracht**. Das geschah z. B. dem Worte „Norm" (lat. norma d. i. Richtschnur), welches zur Unkenntlichkeit in „Wurm" verunstaltet wurde. So findet es sich noch ohne jede Worterklärung bei Geßner-Hager. Erst Täubel hat wieder auf die lateinische Abstammung mit folgenden nachdrücklichen Worten hingewiesen: „Manche unwissende Setzer nennen ihn den Wurm, dieß ist aber falsch; seine Nahme kommt her von dem lat. norma" u. s. w., wobei es dem Berichtiger aber unterläuft, daß er der Norm, um mit dem Wandsbecker Boten (III 61) zu reden, das Genus verhunzt. — Noch in der neuesten Zeit schreibt Waldow „moussiert" statt „musiert" (lat. musivus, vgl. Mosaik). Auch die neuere Bildung „spatiinieren" von „Spatium", von dem doch „spatiieren" gebildet werden müßte (vgl. prämiieren, liniieren), zeugt für die Abnahme der humanistischen Bildung bei den Buchdruckern. — Ein ähnliches Schicksal, wie dem Worte „Norm", widerfuhr dem Schriftgrad „Korpus", wofür um 1740 „Porks" (verstellt aus: Korps) gesagt wurde, das man aber heute schwerlich noch hören dürfte.

Außer der lateinischen nimmt nur noch die **französische Sprache** im Wortschatz der deutschen Druckersprache einen größeren Raum ein, der aber den von jener erfüllten an Ausdehnung bei weitem nicht erreicht. Der geschäftliche Verkehr deutscher Druckerstädte mit Paris sowie nach Süd- und Westdeutschland eingewanderte französische Drucker brachten uns diese Fremdlinge, die sich durchweg einer guten Aufnahme zu erfreuen hatten. Hierher gehören die Namen einiger Verzierungen, wie Bordüre und Vignette, die der meisten Schriftgrade, wie Bourgeois (Borgis), Garmond, Kolonel, Nonpareille, Petit, und die einer Anzahl neuerer Schriftgattungen, wie Ancienne, Egyptienne, Grotesque. Aus Frankreich stammt der „Metteur", und dem französischen „Letter" hat sogar das lateinische „Litter" weichen müssen. — Es kommen hier folgende Wörter in Betracht:

Accolade, Affichenschriften, Americain, Ancienne, blockieren, Bordüre, Bourgeois, Cartouche (veraltet), Compagnon (desgl.), Descendiain (desgl.), Diamant, dublieren, Egyptienne, Gabon (veraltet), Garmond, Granjon (veraltet), Grotesque, Imperial (veraltet), Kolonel, Kolonne (Spalte), komplettieren, Kopie (gedrucktes Manuskript), Korrespondenzschrift, Letter, Margebogen (von marge d. i. Rand?), Metteur, Mignon, Nonpareille, Paketsatz, Parangon (urspr. span., veraltet), Passage (Stelle), Petit, Pincette, Placardformat (veraltet), poröser Satz, Principal (Schriftgrad, veraltet), Real (Schriftgrad), Reglette, Sanspareille, sortieren, splendider Satz, stereotypieren (urspr. griech.), Tympan (desgl.), Vignette.

Aus dem **Englischen** stammen nur wenige Wörter der deutschen Druckersprache, nämlich: Clarendon, Extended, Midoline (auch „Middoline", von middle?), die Namen neuerer Schriftgattungen.

Aus dem **Italienischen** stammt „Schraffierung". Vielleicht wirkte ital. alloggiare (oder franz. loger?) auf Bildung des alten Ausdruckes „einlosiren" (bei Hornschuch für „einlegen", die Buchstaben in die Fächer) ein; jedenfalls aber ital. tavola auf die bei Pater vorkommende Benennung „Tafel" für „Fundament". Der Ausdruck „horierter (horrierter) Buchstabe" erinnert in seiner Zusammenziehung an ital. orrevole (aus onorevole).

Unter den **nicht aus fremden Sprachen entlehnten Wörtern der deutschen Druckersprache** finden sich viele **alte Ausdrücke**, die teils auf das genossenschaftliche Leben der Buchdrucker, teils auf die Berufsthätigkeit derselben Bezug haben. Hierher gehören z. B.: Abtritt, Anredetag oder Sagetag, ausschenken, Bestätigung (auch lat. Konfirmation), Braut (eigtl. Brautlösungsgeld), einschreiben, Entweichung, Erwählungen (besondere Kalenderzeichen), Forderthaler (oder Auflegthaler) und Forderzettel, Gescholtener, Gespan, Himham (zur Bildung vgl.: bimbam, piffpaff u. dgl.), bei der Kunst hinken, Hinstellung oder Sohinstellen, Hofrecht, Hudler, Kaute (Strafgeld), Ladengeselle (auch lat. Assessor), Ladenvater oder Oberältester, Laufgeld, lossprechen (einen Lehrjungen), Namen (eigtl. Namenstagegeld), Posselierer, Putzen (Unreinigkeiten der Buchstaben), Sacktag, Scheltwort (Strafgeld), Schweizerdegen, Stock (Holzschnitt), Taufpfennig, Vorgeher, Vorteil (außerordentliche Einnahme).

Von mehreren dieser alten Ausdrücke ging die **ursprüngliche Bedeutung** den Buchdruckern ebenso **verloren**, wie es mit einigen aus dem Lateinischen stammenden Wörtern der Fall war (s. oben). So leitet Geßner-Hager das Wort „Hofrecht, Hoferecht" (früher geschrieben „Hofferecht") von „hoffen" (in Hoffnung leben) ab, während es doch zu „Hof" gehört und eigentlich das Recht bei Hofe bedeutet. Ferner heißt es bei demselben: „Sagetag, oder Sacktag, wie es verdorben ausgesprochen wird" u. s. w.; es sind aber beide Wörter keineswegs gleicher Geltung, sondern Sagetag ist s. v. w. Anredetag, während Sacktag den Tag bedeutet, an welchem ein Buchdrucker, wie man noch heute in Süddeutschland sagt, „den Sack erhält", also entlassen wird. — Geßner-Hager bringt auch den „Schweizerdegen" zu den Degen der Schweizer in Beziehung, „von denen man sagt, daß sie auf beyderley Art können gebraucht werden", und noch in der allerneuesten Zeit werden in einem großen technologischen Wörterbuche zur Erklärung dieses Ausdruckes die angeblich zweischneidigen Degen der alten Schweizer angezogen, während doch offenbar bei „Degen" hier nicht an die Waffe zu denken ist, sondern an die sonst veraltete Bedeutung: ein junger, tüchtiger Gehilfe (vgl. Kluge, Etymolog. Wörterbuch); solche Buchdrucker, die sowohl zu setzen als auch zu drucken verstehen, werden zuerst aus der Schweiz zu uns gekommen sein.

Die deutsche Druckersprache zeigt nicht selten eine große **Prägnanz im Ausdrucke**. Mit dem bloßen Worte „lesen" meint sie das Lesen der Korrektur (das Vergleichen des Abzuges mit dem Manuskripte), wie mit „zeichnen" das Bezeichnen der Druckfehler.

Man vergleiche ferner: „Farbe“ für „Buchdruckfarbe“, „Instrument“ für „Gießinstrument“, „Kunst“ für „Buchdruckerkunst“, „Vorteil“ für „vorteilbringenden Satz“ u. s. w. Hierher gehören eigentlich auch Ausdrücke wie „drucken“ und „setzen“, bei denen die Prägnanz selbst von dem außerhalb der Druckerkreise Stehenden nicht mehr empfunden wird.

Besonders stark entwickelt ist der **Humor** in der deutschen Druckersprache, zu dessen Darstellung sich dieselbe mit Vorliebe des Mittels der **Personifikation** bedient. Dem Buchdrucker erscheint im Lichte des Humors das Kleine groß, das Unbelebte belebt. Er spricht von „lebenden“ und „toten“ Kolumnentiteln sowie Zeichen des Tierkreises, von „fetten“ und „mageren“ Schriftgattungen, von „fetten“ Linien. Bei den Setzern giebt es fast alle Tage „Hochzeit“ und „Leichen“. Der Buchstabe hat „Fleisch“: er hat einen „Kopf“ mit einem „Auge“ und einem „Bart“ (Gußbart), sowie einen „Fuß“. Der Fuß eines blockierten Buchstabens wandert sogar zuweilen „mit gewichsten Schuhen “(mit Farbe überzogen) in den Kasten zurück. Und dem Auge fehlt nicht die „Brille“. Die Setzlinie hat ein „Ohr“; das Setzschiff eine „Zunge“; das Gießinstrument eine „Kehle“ (Gußkehle); manche Bücher haben einen „Arsch“ (Schlußverzierung). Für die Maschine muß „Futter“ geschafft werden; und der Druck kann unter Umständen „ersaufen“. Der Schriftgießer hat mit einem „König“ (der gute Zeug), der Setzer hatte früher sogar oft mit dem „Papst“ (Schriftgrad) zu thun, während der Drucker den „Mönch“ (Mönchsbogen) nicht gerne sieht. Dafür verkehrt der letztere mit einem „Tänzer“ (Rad an der Schnellpresse), einem „Reiter“ (Walze, die auf die Auftragwalzen gesetzt wird) und einem „Läufer“ (Werkzeug). Der Setzer freut sich über eine „Jungfer“ (fehlerfrei gesetzte Kolumne) und ärgert sich über den Verweis, welchen ihm ein „Hurenkind“ (s. das Wörterbuch) eingetragen hat. Auch entbehrt der Buchdrucker nicht der „Mutter“ (Mater), die er zärtlich „Mütterlein“ nennt.

Aus dem **Tierreich** begegnen uns in der deutschen Druckersprache der „Esel“ (Gestell zum Tragen des Druckpapiers), der „Hering“ (Verweis; entstellt aus franz. harangue), „Zwiebelfische“

Wörterbuch

der

deutschen Druckersprache.

(zusammengefallene Stücke Satz), der „Wurm" (entstellt aus „Norm"), „Schlangen" (schlangenartige Streifen, die sich leicht beim Gießen von Druckwalzen bilden) und zweierlei „Frösche" (am Deckelrahmen und am Winkelhaken). Ferner finden wir daselbst „Hasenöhrchen" (Anführungszeichen), „Gänsefüßchen" (früher „Gänseaugen"), „Schwalbenfüße" (ein Schriftzeichen) und „Fliegenköpfe" (blockierte Buchstaben). Auch „Taubennester" (Klümpchen in den Ballenhaaren) sind vorhanden.

Das **Pflanzenreich** ist in der deutschen Druckersprache durch „Röschen" (Verzierungen) und „Vignetten" (eigtl. s. v. w. Weinreben) vertreten. Auch „macht" der Setzer jeden Samstag „Sauerkraut" (berechnet noch nicht Gesetztes mit, das nachgeholt werden muß).

Das Sauerkraut verrät des Setzers **gesunden Appetit**. Ein weiteres Zeugnis hierfür legt der „Speck" (Nutzen, der dem Setzer bei der Arbeit erwächst) ab, des „Eierkuchens" (s. das Wörterbuch) nicht zu vergessen. Den **Durst** der Buchdrucker bezeugt aber schon ein Druckerlied aus dem 16. Jahrhundert: wie beim Setzen und Drucken ein tägliches Netzen erforderlich ist, so muß sich auch der Buchdrucker selbst stets feucht halten, gleich dem Fisch, dessen Element das Nasse ist (s. das Wörterbuch s. v. anfeuchten).

Über sonstige Eigentümlichkeiten der deutschen Druckersprache unterrichtet am besten das nachfolgende Wörterbuch, dem hier nicht weiter vorgegriffen werden soll.

abbrechen. 1. „A., heißt diejenige Arbeit, wenn der Drucker die Ball-Leder, so auf die Höltzer genagelt, wieder abbricht, welches täglich geschehen muß, wenn anders ein guter Druck zum Vorschein kommen soll." **Geßner-Hager.** — „A. der Ballen, ist eine Arbeit des Druckers, wenn er sieht, daß die Ballenleder durchgearbeitet oder durch den langen Gebrauch löcherig geworden sind; alsdann muß er die kleinen Nägel (**Ballennägel**), mit denen solche [die Ballenleder] an dem Rande derselben [der Ballenhölzer] befestigt sind, mit einer kleinen Zange herausziehen, und die Ballenleder, wenn sie ganz unbrauchbar geworden, wegwerfen, und neue aufschlagen . . ." **Täubel.** — Vgl.: abschlagen 2.

2. „A., heißt bey der Schriftgießerey, wenn der Junge den Guß [Gießzapfen] von den Buchstaben abbrechen muß." **Geßner-Hager.** — **Täubel.** — **Waldow.**

Abbreviatur (lat.), **Abkürzung**, z. B. Ew. = Euer. „Zusammenziehung vnd Verkürtzung der Wörter im schreiben / (welches in gemein abbreviationes genennet werden)." **Hornschuch** 35. — „Griech- und Lateinische Abbreviaturen." **Schmatz** 68. — „Man stosse sich nicht an das Wort **Abkürtzung**, weil man sich an das Wort Abbreviatur gewöhnt hat. Ich habe mich desselben mit Fleiß nicht bedienen wollen, weil sich auch so gar die rechten Lateiner desselben schämen." **Geßner-Hager** II 165. — „Abbreviren oder Abkürzen der Wörter im Drucke." **Täubel**, der auch ein „Verzeichniß teutscher Abkürzungen" bringt. — **Waldow** verweist auf „**Kürzungen**".

Abdruck s. Korrekturabdruck.

abdrucken. „gar wenig (exemplaria) a." **Vietor**, Zuschrift. — „einen Bogen von einer Columne oder einer Form a." **Ders.** — „die abgedruckten Schrifften wieder in den Kasten einlegen". **Geßner-Hager** s. v. Ablegen. — „von einer Forme die bestimmte Auflage abdrucken". **Täubel** s. v. Abspühlen. — Vgl.: Abzug; s. auch: ausdrucken 1.

Abgang. „A. bey den Papieren sind diejenigen Bogen, die zerrissen oder beschmuzt sind, und daher zu ordentlichen Abdrücken nicht gebraucht werden können ... und nur als Maculatur [s. d.] dienen können." Täubel. — „A., Abgangsbogen." Waldow.

Abklatsch s. v. w. Bürstenabzug. Waldow.

abkreischen oder **abkröschen.** „das Oel abkröschen, degraisser l'huile." Geßner, Deutsch-französisches Kunstwörterverzeichnis. — „Abkreischen (oder wie es einige nennen, Abkröschen), ist ein Ausdruck, welcher beym Firnißsieden gebräuchlich ist. Wenn nämlich das dazu bestimmte Leinöl in dem kupfernen Farbesiedekessel ins Kochen gekommen; so nimmt man einige Stücken Brod oder Semmeln, die nicht frisch backen sondern schon Tag und Nacht alt sind, steckt sie an einige dünne lange Spieße, die von Tannenholze geschnitzt sind, hält sie einige Minuten lang in das stark kochende und wallende Leinöl, oder so lange, bis man bemerkt, daß diese Brodstückchen dadurch etwas braun geworden und sich voll kochendes Leinöl gesaugt haben, oder von diesem fast ganz durchdrungen sind. Die Ursache, wegen welcher man dieses thut, ist: weil sich dadurch überflüßige wässerige Theile und die überflüßige Fettigkeit des Leinöles in dasselbe hinein ziehen, und dieß zu dessen zeitigerer oder geschwinderer Verdickung beyträgt. Die Drucker, wenn sie Firniß sieden, pflegen das ... sogenannte Oelbrod zu essen, wenn es etwas erkaltet ist, und bestreuen solches zu diesem Zwecke vorher mit etwas Küchensalz, um es dadurch noch schmackhafter und verdaulicher zu machen; es ist an sich auch der Gesundheit nicht schädlich: im Gegentheil behaupten einige, daß es schwindsüchtigen Personen sehr heilsam sey. Indessen ist es vielen unmöglich, davon zu genießen, wegen des starken Leingeruchs; jedoch gewöhnen sich Buchdrucker, die oft Firniß sieden, leicht an den Geruch und Geschmack desselben, und essen es als einen besondern Leckerbissen, zumahl wenn man neu gebackenes Brod dazu genommen ..." Täubel. — Das „Oelbrod" findet sich auch in Geßners deutsch-ital. Kunstwörterverz. s. v. geröstet und bei Waldow.

Abkürzung s. Abbreviatur.

ablegen. „... nach dem von den Setzern die Schrifften nach ausgedruckter Form wiederumb von einander genom̄en / oder abgeleget / vnd die Buchstaben ein jeder in sein Fächlein gethan werden / ..." Hornschuch 20. — „A., heißt in der Buchdruckerey diejenige Handlung des Setzers, wenn er die abgedruckten Schriften wieder in den Kasten, und zwar jeden Buchstaben in sein gehöriges Fach, einleget." Geßner-Hager. — „Wohl abgelegt und recht gelesen; Ist stets der schönste Satz gewesen." Ders. I 2) 107. — „A. heißt: alle Buchstaben einer gesetzten Seite oder Forme, nachdem die bestimmte Auflage daran ganz abgedruckt worden ist, wieder jeden in sein gehöriges Fach des Schriftkastens einzulegen, damit davon wieder andere neue Wörter, Zeilen, Seiten oder Formen gesetzt werden können ... Ein guter und richtiger Ableger ist gewöhnlich auch ein accurater Setzer; daher sagten auch die alten Buchdrucker schon: ‚Wohl abgelegt und gut gelesen Ist stets der beste Satz gewesen'..." **Täubel.** — **Waldow.** — Sieh auch: aufstellen.

Ablegeschiff s. Vorteilschiff.

Ablegespan. „A., ist ein dünn geschnittener Span von Holtz, worauf der Setzer etliche Zeilen Buchstaben zugleich setzet, um selbige in der Hand damit fest zu halten, damit sie ihm beym Ablegen nicht unter einander fallen können..." **Geßner-Hager.** — „Ablegespahn ... ist ein sehr glatt und gerade gearbeiteter hölzerner Steg, ohngefähr eines halben Viertel Zolls dick, vermittelst welchen der Setzer den Griff [s. d.] zum Ablegen auffaßt..." **Täubel.** — **Waldow** s. v. Ablegen.

ablösen. „A., heißt man dasjenige, wenn der Drucker die Forme von der Farbe reiniget, so werden die Stege mit einem Messer abgesondert, weil selbige von dem starcken Anschliesen insgemein an der Schrift hängen bleibet." **Geßner-Hager.** — **Täubel.** — **Waldow** verweist auf „Abschlagen" (des Formates).

abnehmen (das Format), s. abschlagen 1.

Absatz. 1. was man in der Druckersprache jetzt „Einzug" oder „Alinea" nennt. **Ernesti** zu S. 48. — **Täubel.** — Sieh auch: Paragraph.

2. s. Brille.

Abschlag. „His archetypis, moduli, seu cupreae rhomboides illae malleo signantur, den A. vocant." **Pater** 11. — „Die Matricen / in welche der Buchstabe eingeschlagen wird / welches man den A. nennet." **Adrian Beiers Handlungs- Kunst- Berg- und Handwercks-Lexicon, Jena 1722** s. v. Schrifftgiesser. — „die Matrizen (Abschläge, Matern)". **Täubel** s. v. Schriftschneider. — **Waldow** verweist auf „Mater". — Vgl.: abschlagen 3.

abschlagen. 1. „A. des Formates von einer ausgedruckten und gewaschenen Forme, ist eine Verrichtung des Setzers. Wenn dieser eine Forme ablegen will, so schließet er solche auf, feuchtet sie erst mit einem naß gemachten Schwamme an, alsdann nimmt er die Stege alle von derselben ab..." **Täubel.** — „A. (Abnehmen, Ablösen) des Formates ... erfolgt durch den Drucker; mitunter besorgt es der Setzer, wenn er die im Satz fertigen Formen auch zu schließen hat." **Waldow.**

2. „Ballen abschlagen, heißt beym Drucker: die alten unbrauchbaren Ballenleder von den Ballenhölzern abnehmen (abnageln), sie wegwerfen, neue zur Hand nehmen, solche, gehörig zubereitet, auf die Ballenhölzer aufschlagen oder aufnageln." **Täubel.**

3. „Ist der Stempel zu dem zu gießenden Buchstaben richtig geformt, und der Schriftgießer hat solchen in das Kupfer eingeschlagen (abgeschlagen), die dadurch hervorgebrachte Matrize justirt..." **Täubel** s. v. Schriftschneider.

Abschnittlinie. „Abschneidlinie, A. (Schnittlinie), im gedruckten Bogen, zeigt dem Buchbinder, wo und wie er die etwa auf einem Bogen zusammengedruckten oder angedruckten Theile, als: halbe Bogen, Viertelbogen, Drittelbogen oder einzelne Blätter, von einander schneiden soll, um dann in der gehörigen Ordnung solche im Buche mit einbinden zu können." **Täubel**, der im deutsch-franz. Kunstwörterverzeichnis s. v. Stege noch den Ausdruck „Schnittsteg" hat.

absetzen. „aus dem Exemplar die Littern in Zeilen, Columnen und gantze Formen a." **Geßner-Hager** s. v. Setzer. — „A., ist ein Ausdruck des Schriftsetzers. Er sagt nämlich: von diesem Manuscripte muß ich absetzen . . . Auch heißt a. bey ihm so viel, als: mit einer neuen Zeile anfangen, oder im Texte einen neuen Absatz machen." **Täubel.** — „A., ein Manuskript oder Schema in Satz ausführen." **Waldow.**

Abteiler s. Divisorium.

abtreten. 1. „A. der Ballenleder, gehört zu den Verrichtungen des Druckers, und besteht darinn: daß derselbe die Ballenleder, wenn solche aus rohen getrockneten Hundsfellen [nicht, wenn sie aus Schaffellen] geschnitten sind, und vor dem Gebrauche gehörig in Wasser erweicht worden, ein jedes besonders um ein rundes Holz wickelt, und äußerlich um dasselbe noch einen leinenen Fetzen schlägt, und dann beyde mit dem Fuße auf dem Boden des Zimmers eine Zeitlang hin und her oder herum wälzet . . ., wodurch dergleichen Leder weich, geschmeidiger oder nachgiebiger werden . . ." **Täubel.**

2. „A., Druckabtreten, der Drucker pflegt die Forme abzutreten, wenn er die Correctur befördern will; Es geschiehet aber solches insgemein aus Noth, weil er seine in der Presse liegende Forme, woran er druckt, ohne Gefahr und Schaden nicht leichtlich heraus heben kan. Einige klopfen sie auch ab." **Geßner-Hager.** — „A. eines Correctur-Abdruckes. Wenn der besondere Fall eintritt, daß man von einer gesetzten Forme, oder von einem ganzen Bogen, einen Correctur-Abdruck durch Abtreten mit den Füßen hervorbringen soll; . . . so setzt man die solchergestalt bedeckte Forme auf den Fußboden, tritt mit den Schuhen an den Füßen auf dieselbe, setzt beyde Füße dicht neben einander, und tritt mit den Vordertheilen auf der Forme so lange in gerader Linie wechselsweise hin und her, bis man denkt, alle Columnen gleich stark berührt zu haben." **Täubel.**

Abtritt. „A., ist eine Entweichung aus der Gesellschaft, welche denjenigen angedeutet wird, welcher bey einer löblichen Gesellschaft sein Verbrechen, oder sonsten etwas, vorgetragen, damit die Sache überleget werden kan. Es gereichet selbiger niemand zur Schande, oder Beschimpfung, sondern es wird in der Abwesenheit dererjenigen, welche abgetreten sind, die Sache kunstgebräuchlich überleget und erwogen, und darauf ein gewisser Schluß abgefasset, nach welchem sich die Partheyen zu richten. Hernach werden die Abgetretenen wieder hineingefordert, da ihnen dann der gemachte Schluß vorgetragen wird; wenn sie nun solchen angenommen, so setzet sich ein jeder an seinen gewöhnlichen Ort und Stelle . . " Geßner-Hager. Vgl. Werther 434. 440. 443. 454.

In den Anmerkungen zu Werther 55 f. wird zwischen Abtritt und Entweichen unterschieden. Der erstere ist danach „eine Ankündigung von einer Gesellschafft an denjenigen Kunstverwandten, welcher eine Injurien- oder Diffamations-Klage wider einen andern Kunstverwandten vor die Obrigkeit gebracht hat, oder wider welchen eine dergleichen Klage mit gutem Fug erhoben worden, daß jener und dieser nur von Ihren Schluß- und Postulatmachen abtreten mögten, biß vor der Obrigkeit ausgeführet worden, wer Recht oder Unrecht habe. Wird von keinem Schmause, Ehren-Bezeugung, Vortheil oder andern Genuß, so ihn betreffen kan, abgewiesen, muß aber 12. gr. vor der Gesellschafft . . . niederlegen, und darbey versprechen, daß er seine Sache nicht stecken, sondern . . . aufs eheste ausmachen, und, so er Straffe verdienet, dieselbe verbüssen wolle." Dahingegen ist das **Entweichen** „eine Zumuthung an diejenigen Personen, welche Erlaubniß erlanget, ihre vor der Kunst habende Irrungen und Strittigkeiten der Gesellschafft vorzutragen, daß nemlich die sich veruneinigten Partheyen (nach geschehenem Vortrage, und gepflogenem Verhör, damit in deren Abwesenheit über ihrer strittigen Sache ein Kunstmäßiger Schluß abgefasset werden könne) nur so lange, biß solches geschehen, von der Societät, und deren Session, entweichen möchten."

Abziehbogen, ein geleimter fester Schreibpapierbogen, der beim Blindabdrucken auf die eingestochenen Bogen zu deren Schutze gelegt wird. „Abziehebogen". Täubel s. v. Drucken.

Abziehbürste, eine Bürste, deren sich der Drucker beim Abziehen eines Korrekturbogens bedient. „Abziehe-Bürste". Täubel s. v. Abziehen. — Waldow verweist auf „Korrekturabziehen".

abziehen. 1. „Die Abtheilungen werden in den kleinen Formaten mit gantzen Signaturen abgezogen oder abgetheilt." Vietor 61. — „a." Pater 38. — „A. eines Correcturbogens, heißt: von einem neu gesetzten Bogen einen ersten Abdruck für dem Corrector machen . . ." Täubel. — Waldow bringt es unter „Korrekturabziehen".

2. „A. der Farbe. Da die Farbe nicht so schnell trocknen kann als die gedruckten Bogen aufeinander gelegt werden, so hinterläßt sie oft Spuren auf der Rückseite der letzteren, sie zieht sich ab." Waldow.

3. „A., ist auch eine Verrichtung des Schriftgießers, wenn er etwa einen Kern im Gießinstrumente oder sonst einen metallenen Theil desselben, den er auf einem gröbern Schleiffsteine abgeschliffen hat, auf einem feinern nochmahls glatter und reiner abschleift, wozu er sich gemeiniglich eines viereckichten feinen Schleiffsteins bedient, welches

man das **Abzieheklötzchen** zu nennen pflegt . . ." **Täubel.**

Abziehformat. „Abziehe-Format, nennt der Drucker ein Format, welches er immer . . . bereit stehen hat, um dasselbe, wenn er eine oder zwey Formen zur Correctur abziehen soll, sogleich über diese legen . . . zu können, ohne erst warten zu müssen, bis das Format, welches eigentlich zu dem Werke gehöret, wieder aus der Presse gekommen oder gewaschen ist . . ." **Täubel.**

Abziehklötzchen. „Abzieheklötzgen, ein Werckzeug bey Schriftgießerey, wenn die Instrumente verfertiget werden, daß solche auf dem Abziehe-stein können abgezogen werden." **Geßner-Hager** s. v. Klötzgen. — „Abzieheklötzchen". **Täubel** s. v. Abziehen.

Abzug. „ein Druck, ein A., une épreuve". **Geßner**, Deutsch-franz. Kunstwörterverzeichnis. — „A., ist ein Buchdrucker-Ausdruck, der eben so viel heißt als **Abdruck** eines Bogens oder eines Blattes. Z. B. der Drucker sagt: ich habe von diesem oder jenem Bogen einen Abzug gemacht, so ist es eben so viel, als wenn er sagte: ich habe von diesem oder jenem Bogen einen Abdruck gemacht, ich habe ihn abgezogen oder abgedruckt." **Täubel.** — Sieh auch: Bürstenabzug.

accentuierte (lat.) **Buchstaben** heißen in der Druckersprache nicht nur die mit einem Accent versehenen Buchstaben, sondern überhaupt alle Buchstaben, über oder unter welchen irgend ein Hilfszeichen angebracht ist, z. B. ä, ç, ferner durchstrichene Buchstaben wie das dänische ø und das polnische ł, sowie zusammengesetzte wie das französische œ. Vgl. **Waldow** s. v. Accente.

Accidenzien (lat.). 1. „Accidentia (Disputationes, Theses, Programmata, Streit-Schriften, Carmina u. dgl.)." **Pater** 98. — „Accidentia, werden in der Druckerey genennet, wenn ausserordentliche Arbeiten, als Verse, Programmata, Dissertationes &c. einlaufen." **Geßner-Hager.** — „**Accidenz-Arbeiten**, sind solche verschiedene Druckarbeiten, die zu ungewissen Zeiten, oder gleichsam von ohngefähr oder zufälliger Weise, in einer Buchdruckerey vorkommen, und werden, zum Unterschiede derer, welche bey dem Buchdrucker von einer Zeit zur andern von einem Buchhändler oder andern Personen, auch obrigkeitlichen Stellen u. s. f. gewöhnlich bestellt oder contrahirt werden, also genennt. Hiezu sind . . . ein oder mehrere Gesellen besonders dazu aufgestellt. Diese heißen dann: **Accidenzdrucker** und **Accidenzsetzer.** . . ." **Täubel.** — „Accidenzarbeiten (A.) sind alle kleineren gelegentlichen Arbeiten für den kaufmännischen, gewerblichen und behördlichen Gebrauch, als: Rechnungen, Visitenkarten, Tabellen ꝛc." **Waldow.** — „**Accidenzsatz**, der Satz aller derjenigen Arbeiten, welche, entgegengesetzt von dem glatten oder gemischten Werk-, Broschüren- oder Zeitungssatz, aus den verschiedensten Schriften [**Accidenzschriften**], Verzierungen, Einfassungen und Linien zusammengesetzt sind." **Ders.**

2. außerordentliche Einnahmen der Buchdruckergesellen. „aller Accidentien und Beneficien verlustig erkläßret". **Werther** 312 f. u. ö. — Sieh auch: Vorteil 1.

Accolade (franz.). „Accoladen sind Klammern [s. d.] oder Einschließlinien, welche — nicht wie die im fortlaufenden Satz ein Wort oder einen Satz einschließenden Klammern ( ) — sondern abgesonderte mehrzeilige Sätze, zusammengehörige aber untereinanderstehende Zifferposten, Stammtafeln u. dgl. umfassen." **Waldow.** Eine der drei Arten sieht so aus: ⏞.

Affichenschriften (von franz. affiche d. i. Anschlag) s. v. w. Plakatschriften. **Waldow.**

Ahle. „Ahl". Jo. Henr. Alstedii Encyclopaedia 1630 bei Wolf II 1054. — „Aal". **Gveinz.** — „Ahle, ist ein länglichtrund scharf zugespitztes Instrument von feinem Stahl, womit der Setzer, bey dem Corrigiren, die falsch, oder verkehrt, gesetzten Buchstaben heraus nimmt." **Geßner-Hager.** — „Ahle, ist ein Instrument, welches so wohl der Setzer als der Drucker gebraucht . . . der Drucker braucht solche besonders zum Ausputzen der Buchstaben . . . Man pflegt gemeiniglich im Sprichworte zu sagen: Accurate Setzer haben immer scharfe Ahlen . . ." **Täubel.** — **Waldow.**

Aldine, eine nach dem Venetianer Buchdrucker Aldo Manutio benannte Antiquaschrift. „Testo d'Aldo". **Pater** 18. — „Aldineschriften, bes. Aldine-Versalien". **Waldow.**

Alinea (lat. a linea) ein neuer Absatz. **Waldow**, Nachtrag u. s. v. Einzug. — Vgl.: einziehen.

alineieren (lat.). „A., Liniehalten der Schriften, nennt man [in der Schriftgießerei] das genaue Stehen in der Linie aller zu einer Schrift gehörenden Charaktere." **Waldow.**

Allegat s. Citat.

Allerleikasten. „Spanschachtel, Allerley-Kasten, Ammassaria, Rammassaria, es kan auch der Stegkasten also genennet werden, weil von allerhand Sorten Stege sich darinnen befinden." **Geßner**, Deutsch-ital. Kunstwörterverzeichnis. — „Spähnkasten, Allerleykasten . . . Stegkasten . . ." **Täubel** ebenda. — Der Setzer legt die Ablegespäne „zu den übrigen kleinern Instrumenturen in seinen Schubladen (Allerleykasten)". **Täubel** s. v. Ablegespahn.

Altzeug s. Zeug 2.

Americain (franz.). „A., auch Angelsächsisch oder Thränengotisch, eine dem gotischen Schriftcharakter verwandte Accidenzschrift. Sie zeichnet sich durch Versalien mit Zügen, sowie außer den gewöhnlichen e und r auch noch durch solche mit herabgehenden und am Ende in ein stumpfes Häkchen [die ‚Thränen'] verlaufenden Strichen aus." **Waldow.**

Ancienne (franz., ‚Alte'). „A., die Imitation einer Schrift alten Stils in etwas modernisierter Form." **Waldow.**

andrucken. „A. oder Anschießen . . . Die Kenntniß von der Wissenschaft: an diesen oder jenen Bogen entweder ein Blatt oder mehrere

Blätter, oder einen Viertelsbogen, oder zwey Viertelsbogen regelmäßig und so anzudrucken, daß er schicklich und bequem vom Buchbinder abgeschnitten und in das Buch gehörigen Ortes mit eingeschaltet oder eingebunden werden kann; ist besonders für dem Setzer sehr wichtig . . ." **Täubel.**

Anfangsbuchstabe. „Neue Roman-Antiqua, da die Anfangs-Buchstaben aus Versal-Capital." **Pater** 23. — „Anfangsbuchstaben, sind allerhand zierlich verfertigte Buchstaben, womit man insgemein ein Buch, Carmen *rc.* anzufangen pfleget. Ehedessen wuste man gar nichts davon. Man ließ den Platz dazu entweder gar ledig, oder setzte in die Mitte des Platzes einen kleinen Buchstaben. Wurde der Platz ledig gelassen, so wurde hernach der Anfangsbuchstabe sauber dazu geschrieben, mit allerhand Farben ausgeziehret, ja wohl gar mit Gold überzogen. Stund aber der kleine Buchstabe schon da, so wurde er eingefasset und ebenfalls mit künstlichen Gemählden ausgeputzt . . . Und worzu war es auch nöthig so viel Kosten darauf zu verwenden, da man die Grossen theils gegossene, theils in Holtz geschnittene Buchstaben erfunden hat? Insgemein giebt man Peter Schöfern vor den Erfinder an. Man wird ihm auch diese Ehre nicht streitig machen können, indem er sich derselben in seinen gedruckten Büchern zuerst bedienet hat . . ." **Geßner-Hager.** — „Anfangsbuchstaben (Versalien), . . . größere und kleinere . . ." **Täubel.** — **Waldow** verweist auf „Initialen". — Sieh außerdem noch: Cartouche, hovierter Buchstabe, Kapitälchen, Versalie.

anfeuchten. „Papir feuchten". **Der Edle Greiff** bei Hornschuch 121. — „[es wird] von den zuvor angefeuchtem Papyr . . . der Schöndruck gefertiget." (**Harsdörffer**,) Gesprächspiele, Teil IV, Nürnberg 1644, S. 413. —

„Ihr Setzer nun / vergesst auch nicht das **Netzen** /
Dann wer da netzt / kan allzeit besser setzen /
Gleich wie kein Fisch im Trucknen wird geruckt /
So wird kein Druck im Trucknen gut gedruckt."

Schlußstrophe eines Gedichtes von „J. M. K.", das in der Zugabe zu der dem **Redinger**schen Formatbüchlein angehängten Depositio steht. — „Wie artig wissen die Drucker das Pappier zu **feuchten** daß es die Farben bequemlich fasse." **Redinger**, Dedicatio. — „Ihr feuchtet stets mit heissen Zähren Die Bogen eures Lebens an." **Vergleichg. d. menschl. Lebens mit d. Buchdr.** bei Ernesti. — „ . . . humidam chartam, das angefeuchte Papier, typis arcte apprimit, damit es gut setzet." **Pater** 14. — „das Papier anfeuchten". **Ders.** 97. — „ . . . es sey denn, daß die Buchstaben, wo das Papier nicht angefeuchtet worden, nicht leserlich heraus kommen. Dahero in Druckereien das Sprichwort üblich ist:

Wenn die Geselln nicht täglich netzn,
so können sie noch druckn noch setzn." **Ernesti** g 2. — „**Pappierfeuchten**. heißt in der Druckerey, wenn man selbiges halbe Buch weiß durchs Wasser ziehet . . ." **Geßner-Hager.** — „A., muß der Setzer die Schrift, ingleichen der Drucker die Ballen und den Deckel, wenn solche zu hart. Dieses Wort wird aber auch als ein Spaß einem Cornuten zugeeignet, wenn man zu ihm saget: er soll anfeuchten uud seinen neben ihn stehenden Gesellen eine Ehre erweisen, nach der Alten ihren Vers

Weil man die Schriften und Pappier
alles wohl feucht muß haben,
So pflegen auch mit Wein und Bier
die Gesellen sich zu laben."

Geßner-Hager. — Das ist schon der Grundgedanke des aus dem 16. Jahrh. stammenden Druckerliedes von **Jörg Busch** (bei **Osk.** Schade, Deutsche Handwerkslieder, **Lpz.** 1865, S. 24 ff.); vgl. bes. folgende Strophe:

„Wir müßen allzeit netzen,
welchs unser orden helt,
im drucken und im setzen
netzt man daß nichts umbfelt.
Drumb sol sichs niemands wundern
daß wir uns halten naß,
der orden helts besunder
zechen on unterlaß." —

Täubel unterscheidet: „Anfeuchten der Ballen"; „A. der Papier-Haufen" („dieß ist von dem eigentlichen Feuchten der Papiere vor dem Drucke sehr verschieden; daher sollte man es lieber **Befeuchten** der Papierhaufen nennen, weil dieses A. nur äußerlich an den Haufen verrichtet wird"); „A. der Schreibpapierbogen zum Abziehen der Correctur"; „A. der Columnen oder Formen vor dem Ablegen." Ferner bringt er: „**Feuchten** der zum Druck bestimmten Papiere . . . man zieht das Papier entweder halb- oder Viertelbuchweis durch das Wasser . . . Allemahl, wenn man ein halbes Buch von dem Papierhaufen durch das Wasser gezogen hat, legt man ein trockenes halbes Buch darauf, welches man mit der Hand in dessen Mitte etwas nachbesprengt . . . Das letzte Buch durchzieht man ganz durchs Wasser." — **Waldow** unterscheidet A. des Satzes und des Papiers; vom letztern handelt er unter „Feuchten".

anführen, einen Setzer- oder Druckerlehrling anlernen. **Kurf. sächs. Buchdr.-Ordng.** 1606 bei **Werther** 17. — **Pater** 97. — **Geßner-Hager.** — „Der Buchdruckerherr übergiebt den Jüngling einem seiner Gesellen zum Unterrichte, oder, wie man in den Buchdruckereyen zu sagen pflegt: zum Anführen, welches eben so viel ist, als: anweisen." **Täubel.** — **Waldow.**

Anführgeld, das dem Anführgespan (s. d.) für die Mühe des Anlernens eines Lehrlings gezahlte Geld. „Anführegeld". **Kurf. sächs. Buchdr.-Ordng.** 1606 bei **Werther** 17. — **Täubel.**

Anführgespan (von „anführen" [s. d.] und „Gespan" [s. d.]). „Anführegespan, heißt so viel als ein Informator [Drucker bezw. Setzer], welchem ein junger Mensch von dem Buchdruckerherrn übergeben wird, damit er selbigen treulich in allen Stücken unterrichten möge... Er bekommt vor seine Mühe etwas gewisses an Geld." **Geßner-Hager** s. v. Gespan. — **Täubel.** — **Waldow** s. v. Anführen.

Anführungszeichen s. Gänsefüßchen.

Angelsächsisch s. Americain.

anhalten. „A. beym Auftragen, heißt mit anhaltend gleichem Drucke, oder mit gleicher Kraft mit dem Ballen beym Auftragen [der Farbe] über die Forme ordentlich und regelmäßig hinauf und herunter gehen... Der Preßmeister, wenn er bemerkt, daß der Abdruck nicht durchaus gleich schwarz heraus kommt, muß ... sagen: ‚es muß besser angehalten werden!' ..." **Täubel.** — **Waldow** verweist auf „Auftragen".

anhängen. „Wenn die im Manuskript mit neuer Zeile begonnenen, also als Absätze gegebenen Teile direkt nach einem Geviert der Schlußzeile des vorhergehenden Satzes angefügt werden sollen, so nennt man dies a." **Waldow.**

ankeilen s. v. w. die Form mittels Keilrahmen (s. d.) schließen. **Täubel** s. v. Abziehe-Format.

Anlage. „Anlagen, sind an der Buchdruckhandpresse die Merkzeichen für die richtige Placierung der Bogen, gegenüber der Druckform. Als A. für die untere Seite des Bogens dienen je nach dem Format desselben ein oder zwei Streifen Karton, von etwa 2—4 cm Breite und 4 cm Länge, die, der Länge nach zur Hälfte eingebrochen, mit der einen Hälfte an richtiger Stelle auf den Deckelbogen geklebt werden, während die andere Hälfte unbefestigt bleibt, so ein Einlegen des Bogens erlaubt und ihm Halt giebt. Diese Halter nennt man auch **Frösche.** Als Seiten-A. dient ein mit der untern Seite auf den Deckel geklebter Kartonstreifen, gegen den die Längsseite des Bogens gelegt wird." **Waldow.**

Anleger. „A., Anlegerin, nennt man die das Anlegen der Bogen in die Schnellpresse besorgende Person." **Waldow.**

Anlegesteg. „Anlegestege, oder die äusern Stege an der Rahme." **Geßner**, Deutsch-franz. Kunstwörterverzeichnis. — „Anlegestege werden die Stege genannt, die den Columnen in der Forme an den äußern Seiten liegen." **Täubel.** — **Waldow.** — Sieh auch: Kapital.

Anmerkung. „Note, Anmerckung". **Geßner**, Deutsch-ital. Kunstwörterverzeichnis. — „A. (Note)." **Täubel.** — „Anmerkungen, welche in manchen, besonders wissenschaftlichen Werken vorkommen und meist als Erklärung oder Ergänzung des ihnen vorausgehenden Textes dienen, finden aus diesem Grunde auch ihren Platz direkt unter demselben... Zu ihrem Satz wird gewöhnlich, wie zu den Noten, eine kleinere Schrift gewählt." **Waldow.** — Sieh auch: Marginalien, u. Note.

Anredetag. „A., ist vierzehen Tage vor der Messe, wenn der Buchdruckerherr einen Gesellen behalten will, so **redet** er ihn zu solcher Zeit **an**. Auser dem weiß der Geselle schon, daß er seinen Abschied, und nach verflossenen vierzehen Tagen, Feyerabend hat." **Geßner-Hager.** — „Zusage, Zusagung, A." **Geßner,** Teutsch-ital. Kunstwörterverzeichnis. — „**Zusagetag**, A." **Täubel** ebenda. — „A. Dieß ist ein bestimmter Tag (gewöhnlich 14 Tage vor Ablauf des halben Meßjahres), an welchem in manchen großen Städten, wo viele Buchdruckerey- und Buchhandlungsgeschäfte getrieben werden, die Buchdruckerherren ihre Gesellen einen nach dem andern vorladen, und ihnen entweder Abschied geben, oder die Condition wieder aufs neue halbe Jahr zusagen, nähmlich gewöhnlich von einer Leipziger Oster- bis zur Michaelismesse." **Täubel.** — Vgl.: Sagetag.

anschießen s. andrucken.

Anschlag. 1. „Einen Satz durch Anlegen von Ausschluß (Quadraten 2c.) verbreitern, resp. eine, einer andern Kolumne gegenüber zu schmale Kolumne durch den A. auf die richtige Breite bringen." **Waldow.**
2. s. Himham.

Ansetzblatt. Wenn das Manuskript an zwei Setzer verteilt ist, so „beginnt der den zweiten Teil erledigende Setzer gemeinhin mit einem neuen Absatz und bezeichnet dies durch einen Strich und Notierung seines Namens an dem Rande des Manuskriptblattes, dieses Blatt nach erfolgtem Absetzen seinem Vormann übergebend, damit derselbe den darauf befindlichen Schluß seines Manuskriptteils absetzen, also **ansetzen** kann. Dieses Blatt nennt man das A." **Waldow.**

ansetzen. „A., den zum Setzen erhaltenen Manuskriptteil beenden, also bis zu der Stelle gelangen, wo der Nachfolger das sich anschließende Manuskript begonnen hat. Da es zu schnellem A. von Zeitungsartikeln oft notwendig ist, dieselben mitten im Satz zu trennen, damit mehrere Setzer daran arbeiten können, so muß der Setzer in diesem Fall die erste Zeile ohne Einzug beginnen, es auch dahin bringen, daß seine Endzeile voll ausgeht." **Waldow.**

anspießen. „den Buchstaben anspiessen, oder anstechen mit der Ahle, piquer la lettre". **Geßner,** Deutsch-franz. Kunstwörterverzeichnis.

Antiqua (lat., ‚Alt'-Schrift), die römische Schriftgattung, von dem Augsburger Drucker Günther Zainer 1472 an Stelle der gotischen oder Missalschrift eingeführt. „Antiqva". **Hornschuch.** — „Antiq'". **Gveintz.** — „Antiquaschrift, heißt diejenige Art von Lateinischen Schriften, welche die alten Buchdrucker zu erst erfunden haben, die hernach der berühmte Aldus Manutius viel verbessert hat . . ." **Geßner-Hager.** — „A.-Schrift, A.-

Buchstaben". **Täubel.** — „A., die bei uns gemeinhin als lateinische Schrift bezeichnete Schrift." **Waldow.**

Antiqua-Versalie. „Grobe Missal Antiqua Versalien". **Ernesti** 13. — „A.-Versalien, im allgemeinen die Bezeichnung für die großen lateinischen Buchstaben. Man benutzt sie mit Vorliebe zum Satz von Titeln wie auch für Accidenzsatz." **Waldow.**

Antritt. „A." **Gveintz.** — „A., ist dasjenige Holtz, woran der Drucker, wenn er die Presse zuziehen will, seinen Fuß ansetzet, damit er seine Stärcke besser anwenden kan." **Geßner-Hager.** — **Täubel** s. v. **Drucker-Instrumente.**

Apostroph (lat., aus dem Griech.), das Auslassungszeichen. „Apostrophus". **Geßner**, **Deutsch-franz. Kunstwörterverzeichnis.** — Verdeutscht: „Hinterstrich oder Häcklein". (**Harsdörffer,**) **Gesprächspiele**, Teil IV, Nürnberg 1644, S. 412.

Arsch s. Finalstock.

Assessor (lat., ‚Beisitzer'). „die Deputirte Herren und ihre Assessores". **Kurf. sächs. Buchdr.-Ordng.** 1606 bei **Werther** 16. — „Der Löbl. K. Buchdr. Gesellschafft wolverordnete vnd vorgesetzte **Deputirte Gesellen.**" **Vietor**, Zuschrift. — Von den beiden „Assessoren" oder „**Ladengesellen**" hatte „der ältere bey denen Sessionen, und sonsten privatim, die Stelle eines Referendarii, und der jüngere eines Cassiers zu vertreten, dahero nebst dem ältern Vorgeher [s. d.] auch einen Schlüssel zur Cassa." **Augsburger Buchdr.-Ordng.** 1713 bei **Werther** 494. — „A., ist derjenige, so von den Kunstverwandten wegen seiner Erfahrenheit darzu erwehlet wird. Es gebühret ihm billig ein Vorzug, indem er das Amt eines Obergesellens begleitet, und eben dasjenige bey den Gesellen zu befehlen hat, was der Oberälteste bey den Herren ... Es werden jederzeit zwey dergleichen Assessores von der Gesellschaft erwehlet, ein Setzer und ein Drucker . . ." **Geßner-Hager.** — Das „Verzeichniß Sämmtlicher [Leipziger] Kunstverwandten" vom Jahre 1740 (im „Gepriesenen Andencken von Erfindung der Buchdruckerey" u. s. w. Leipzig 1740 S. XVII ff.) führt nicht nur 2 „Gesellen-Assessoren", sondern auch 1 „Herren-Assessor" — außer dem „Oberältesten" und gleich diesem in der Reihe der Buchdruckerherren — an.

aufbinden. „A., heißt: wenn der Setzer die Zeilen von einerley Schriftgattung, die er eben nicht mehr braucht, in ein Schiff zusammen setzt, und in Stücken (**Schriftstücken**) zusammen bindet . . ." **Täubel.**

aufdingen. „A., heißt man diejenige Handlung, da man einen Lehrjungen, wenn er seine Probe einige Wochen ausgestanden, und aus einem reinen und keuschen Ehebette erzeuget, welches er durch beglaubte Zeugnisse darlegen muß, zu einer Profeßion an- und aufnimmt, und gehörig einschreibt." **Geßner-Hager.**

„A. eines Setzer- oder Druckerlehrlings. Wenn ein Lehrling die gewöhnliche Probezeit ... überstanden hat, so wird er aufgedungen, oder wie die Buchdrucker zu reden pflegen: **eingeschrieben** ... Wenn nun der Lehrherr seiner versammelten Druckerey-Gesellschaft den Lehrcontract deutlich vorgelesen hat; so legt er das hierüber niedergeschriebene Document vor, unter welches sich dieselben ein jeder mit seinem Nahmen, als Zeuge, mit unterschreibt, nachdem der Lehrherr sich selbst schon unterschrieben hat. Die meisten Buchdruckerherren halten sich zu solchen und andern gesellschaftlichen Verhandlungen ein eigenes Einschreibebuch, unter dem Nahmen: **Druckereybuch**, in welches dann alle Aufdingungen, Freysprechungen u. d. gl. in gehöriger Form eingeschrieben und unterschrieben werden ..." **Täubel**.

aufgehen. „Geht ihm [dem Setzer] im Satze ein Buchstabe stark auf, so kann er ihn vielleicht im Defectkasten [s. d.] haben, und sich solchen [Buchstaben] in seinen Setzkasten bequem einrappen." **Täubel** s. v. Defectkasten.

Aufhängekreuz s. Kreuz 1.

Auflage. „Wann die Auflag ihr Zahl nun hat, Die Form wird ausgetragen." **Buchdruckerlied** 17. Jahrh., Str. 10. — „A." **Pater** 99. — „A., wird die Anzahl der Bogen benennt, welche ein Verleger zum Druck ordnet, als 1000. 1500. 2000. Bogen." **Geßner-Hager**. — „A., heißt der Buchdrucker oder Buchhändler die Zahl der Exemplare, welche er von einem Bogen oder ganzen Werke abdrucken läßt. Z. B. er sagt: von diesem Buche lasse ich 1000 **Auflage machen**, welches eben so viel heißt, als: von diesem Buche lasse ich 1000 Exemplare auf einmahl gleich hinter einander abdrucken ..." **Täubel**. — „A., die von dem Besteller einer Druckarbeit angegebene Zahl der abzuziehenden Exemplare. Ferner bedient man sich des Wortes bei Herausgabe von Werken und spricht von einer ersten, zweiten, dritten 2c. Auflage." **Waldow**.

auflegen. „Bücher, so entweder zum ersten aufgeleget / oder sonst nachgedruckt worden". **Dantziger Druckerey-Ordnung** v. J. 1684 bei **Pater** 54. — „Bücher von neuen auflegen lassen." **Pater** 107. — Auch s. v. w. Auflage machen (s. Auflage). **Täubel**.

Auflegthaler s. Forderthaler.

auflösen. „a." **Der Edle Greiff** bei **Hornschuch** 120. — „A., heißt man diejenige Handlung, wenn der Setzer seine auf das Bret geschossene Columnen, welche er mit einer Schnur im Schiffe ausgebunden, und auf dasselbe geschossen, bey Umschlagung des Formats wieder auflöset ..." **Geßner-Hager**. — „A. der ausgebundenen Columnen." **Täubel**. — „... man löset eine Columne nach der andern auf (oder nimmt den Bindfaden, mit welchem die Columnen ausgebunden sind, von ihnen mit Vorsicht ab) ..." **Ders.** s. v. Schließen einer Forme. — „A. der Kolumnenschnüre ..." **Waldow**.

aufräumen. „a." **Geßner-Hager**. — „Das A. unterscheidet sich von dem

Ablegen (s. d.) dadurch, daß, während bei letzterem die sofortige Wiederbenutzung der Schrift der Hauptzweck ist, beim A. mehr das Leermachen der Ablegebretter, die Reservierung des, durch Fertigwerden eines Werkes augenblicklich überflüssigen Setzmaterials für spätern Gebrauch und die Gewinnung von Quadraten 2c. bezweckt wird." **Waldow.**

Aufstechblättchen. „Aufstecheblättchen, ist ein kleines rund geschnittenes Stückchen dünnes Pergament (oder Kartenblatt, oder eine Karpfenschuppe), welches der Drucker, wenn er beym Zurichten den Einstechebogen in beyde Puncturspitzen gerade eingestochen hat, über denselben in die Puncturspitzen auch einsticht, und mit ein wenig Kleister an denselben anklebt, damit der Einstechebogen immer fest in seiner ordentlichen Lage bleibe. Es heißt auch: das **Einstecheblättchen.**" **Täubel.**

aufstellen. So nennt man das Ablegen (s. d.) von Schriften größern Kegels, von Titel- und Zierschriften, das durch Einreihen in die Leistenkasten geschieht, weshalb es auch einstecken heißt. **Waldow** s. v. Aufgestellt.

auftragen, die Farbe auf die Form, früher mittels der Ballen (s. d.), jetzt mittels der **Auftragwalze.** Der Lehrjunge soll unterwiesen werden „im Ziehen und Auftragen". **Kurf. sächs. Buchdr.=Ordng.** 1606 bei Werther 17. — „a." **Der Edle Greiff** bei Hornschuch 121. — **(Harsdörffer,)** Gesprächspiele, Teil IV, Nürnbg. 1644, S. 413. — **Pater** 14. — **Geßner=Hager.** — **Täubel.** — **Waldow,** der auch den Ausdruck „aufwalzen" hat.

Aufträger s. Träger 1.

Auge. „A., technische Bezeichnung des Buchstabenbildes in der Mater, besonders aber bei galvanischen Matern das Buchstabenbild und seine kupferne Umgebung." **Waldow.**

ausbinden. „mit einer Schnur ausbind". **Der Edle Greiff** bei Hornschuch 120. — „A., heißt man, wenn der Setzer die Columnen, die er gesetzt, zusammen bindet, und befördert solche auf das Setzbret, ingleichen die Schriften so nicht in die Kästen können gebracht werden." **Geßner=Hager.** — „A. einer gesetzten Columne . . ." **Täubel.** — **Waldow.**

ausbringen (Ggs.: einbringen). „A. im Satze, heißt: den Satz da oder dort oder in ganzen Columnen etwas weitläufiger als gewöhnlich setzen, oder zwischen die Wörter in den Zeilen und zwischen die Absätze mehr Raum machen, damit der Setzer im Satze mehrere Seiten oder Bogen bekommt, als es anfänglich seyn sollten." **Täubel.** — „A., eine Zeile. Durch Weiterhalten einer oder mehrerer Zeilen vor einer Ausgangszeile noch eine weitere Zeile schaffen." **Waldow.**

ausdrucken. 1. „Wann nun ein Form ist außgedruckt". **Der Edle Greiff** bei Hornschuch 122. — „ . . . nach dem von den Setzern die Schrifften nach außgedruckter Form wiederumb von einander genom̄en / . . ." **Hornschuch** 20. — „A. heißt bey dem Drucker so viel, als: alle

Bogen, die zur Auflage eines Bogens, den er in der Presse hat, gehören; z. B. 500, 1000, 2000 u. s. w. ganz fertig abdrucken. Hat er die bestimmte Zahl Bogen davon abgedruckt, so sagt er: ich habe die Forme oder den Bogen ausgedruckt" u. s. w. **Täubel**. — „A., die von einer Druckarbeit aufgegebene Anzahl von Abzügen vollenden." **Waldow**.

2. „Welches etwa krum̄ / vnd nicht gerade gesetzet / oder sonsten zu hoch stehet / also daß die nechsten Buchstaben nicht ausgedruckt / . . ." **Hornschuch** 18. — „Stellen, die sich nicht hinlänglich oder nicht gleich ausgedruckt haben." **Täubel** s. v. Abziehen.

Ausgang, das Ende eines Absatzes. „nach einem Ausgange muß man den neuen Absatz einziehen." **Täubel** s. v. Absatz. — **Waldow**, der auch den Ausdruck „Ausgangszeile" hat.

Aushängebogen. „A., sind diejenigen abgedruckten Bogen von einem Werck, welche dem Verfasser, oder Verleger, bey dem Abdruck eines jeden Bogens besonders ausgehänget, und überbracht werden sollen. Vor den Corrector, Setzer und Drucker wird ebenfalls ein Exemplar ausgehänget." **Geßner-Hager**. — „A. werden diejenigen reinen fertigen Abdrücke genannt, welche der Drucker von jedem Bogen eines Werkes, das er druckt, währendem Drucke, allemahl für dem Autor, Verleger, Setzer, Drucker, Corrector und Prinzipal besonders bey sich an der Presse aushänget oder aufbewahret, um solche alsogleich, so bald als ein solcher Bogen etwa zum Nachsehen oder zu verschiedenen andern Absichten gebraucht wird, dem, der die Bogen verlangt, oder dem sie gehören, sogleich einhändigen zu können." **Täubel**. — „A. nannte man in früheren Zeiten diejenigen Abzüge, welche, als besonders tadellos in Satz und Druck, gleichsam als Empfehlung dienten. Auch die, den an einem Werk arbeitenden Setzern und Druckern zugestandenen Exemplare jedes Bogens bezeichnete man mit A., ebenso neuerdings [? s. o.] die Bogen, welche Autor, Korrektor und Verleger sofort nach dem Reindruck erhalten." **Waldow**.

ausheben. 1. „Kann ein Setzerlehrling alle Buchstaben in seinem Kasten leicht finden, und weis nun eine Zeile zu setzen, und sie ordentlich auszuschließen; so muß man ihm zeigen, wie er solche in das Schiff ausheben und sie in dieser Absicht fassen soll." **Täubel** s. v. Anführen. — „A. des Satzes, ist das Herausnehmen sämtlicher Zeilen (auf einmal) aus dem Winkelhaken, damit ohne Unterbrechung weiter gesetzt werden kann." **Waldow**.

2. „A. der ausgebundenen Columnen aus dem Schiffe" (um sie auf das Setzbrett zu bringen). **Täubel** s. v. Columnenschnur.

3. (Ggs.: einheben.) „die Form auß der Preß heben." **Vietor** 31. — „Wann die Auflag ihr Zahl nun hat / Die Form wird ausgetragen." **Buchdruckerlied** 17. Jahrh., Str. 10. — „Ausheben, eine Forme aus der Presse, wenn von derselben die bestimmte Auflage abgedruckt ist, heißt

so viel, als: solche wieder aus der Presse heraus nehmen, und zum Waschen in den Waschstein tragen, oder anders wohin, wenn sie nicht gleich nach dem Ausdrucken gewaschen werden kann. Auch muß der Drucker manchmahl, wenn er eine Correctur in der Presse abziehen soll, die Forme, die er darinnen hat, und wovon er abdruckt, so lange ausheben, bis der verlangte Correcturabdruck in der Presse gemacht ist; dann hebt er sie wieder ein." **Täubel.** — **Waldow.**

auslaufen. 1. über das Berechnete hinausgehen. „A. **des Manuscriptes.** Wenn so oder so viel Blätter eines Manuscriptes im Satze mehr Columnen geben, als der Setzer gewöhnlich bemerkte oder ausgerechnet hat; so sagt er: das Manuscript läuft aus, welches so viel heißt, als: die Blätter dieses Manuscriptes geben jetzt mehr Columnen im Satz, als vorher, als ich gerechnet, oder, als ich vermuthet hatte." **Täubel.**

2. (Ggs.: einlaufen.) „Ein Papier, wenn es gefeuchtet worden, so gehen seine Bestandtheile durch das . . . Wasser etwas aus einander . . .; dieses heißt: A. **des Papieres.**" **Täubel** s. v. Einlaufen.

auslegen. „A. der abgedruckten Bogen beym Drucken. Der Drucker, welcher beym Arbeiten an der Presse am Deckel steht, muß die Bogen nach dem Abdrucken aus den Puncturspitzen im Deckel heraus nehmen, und dann **auf die Auslegebank** [**Auslegebret** s. v. Ziehen, bei **Waldow** auch **Auslegetisch** genannt] legen oder auslegen." **Täubel.** — „A., das Auseinanderlegen der gedruckten Bogen mittelst Hand oder an Schnellpressen mittelst mechanischem Bogenausleger." **Waldow.**

Ausputznadel s. Räumnadel.

ausraffen. „Die Buchstaben e und n, welche im Teutschen am allermeisten vorkommen, haben, außer ihren gewöhnlichen Fächern von der ersten Größe, noch links unten am Ende des Kastens jeder ein gleich großes Nebenfach [**Ausraffach** bei **Waldow**], in welche man, wenn man einst abgedruckte Formen wieder ablegt, wenn das Fach des e und des n voll ist, davon aus demselben Buchstaben ausrafft, und in die genannten Nebenfächer legt." **Täubel** s. v. Anführen. — Überhaupt vom Entleeren überfüllter Fächer in noch nicht genügend gefüllte Kasten, bes. in **Ausraff-** oder **Defektkasten** (s. d.). **Waldow.**

ausrechnen. Den Lehrjungen „so weit bringen, daß er im geschriebenen Exemplar mit Setzen und A. zur Noth fortkommen kan". **Kurf. sächs. Buchdr.-Ordng.** 1606 bei Werther 17. — „außrechnen". **Der Edle Greiff** bei Hornschuch 124. — „A., das geschriebene Exemplar . . ." **Geßner-Hager.** — „ein Manuscript ausrechnen". **Geßner** 161. — **Täubel** verweist bei „**Ausrechnen**" auf „**Auszählen** (**des Manuscriptes**)" und erklärt dort als eine Aufgabe des Setzers, zu „berechnen, wieviel es Bogen im Drucke geben wird"; um dieses zu können, muß er zuvor „so viele Blätter absetzen, bis davon in einem bestimmten Formate eine Forme voll geworden ist."

ausrücken, Ggs.: einrücken oder einziehen (s. d.).

Ausrufungszeichen, Übersetzung des lat. exclamatio (Hornschuch 18) od. signum exclamandi (Geßner-Hager s. v. Unterscheidungszeichen), findet sich erst bei **Täubel** s. v. Puncturen u. im deutsch-franz. Kunstwörterverz. s. v. Verwunderungszeichen. — **Waldow** schreibt „Ausrufzeichen". — Früher sagte man dafür „**Verwunderungszeichen**", Übersetzung des lat. admiratio (Hornschuch 18) od. admirativum (Jak. Mentel 1650 S. 36, bei Wolf II 279), zuerst in **Harsdörffers** Gesprächspielen IV 1644 S. 412, dann in **Geßners** deutsch-franz. Kunstwörterverzeichnis (franz. le point admiratif), auch in **Täubels** deutsch-franz. Kunstwörterverz., wo aber hinzugefügt ist: „oder Ausrufungszeichen".

Aussatz. „A., der mehr oder weniger gleichmäßige Abdruck der Typen auf Buchdruckhand- oder Schnellpresse, nach dem Einheben der Form. Man unterscheidet guten und schlechten A. . . . Auch für **Schattierung** findet man bisweilen den Ausdruck A." **Waldow**.

ausschenken. Ausgeschenkt wurden die Buchdruckergesellen bei ihrem Austritt, d. h. es wurde ihnen von den in der Offizin verbleibenden ein kleiner Abschiedsschmaus gegeben. **Waldow** s. v. Buchdrucker.

ausschießen. 1. „Schiests [die ausgebundene Kolumne] hurtig auff ein Brett geschwind." **Der Edle Greiff** bei Hornschuch 120. — „Nachrichtungs-Figuren / Wie man . . . In allen Groß- vnd Kleinen Formaten Die Columnen recht ordentlich außschiessen vnd stellen soll." **Vietor**, Titel. — „Formate außschiessen." **Ders.** 1. — „Zwen halbe Bögen zweyer Signaturen zusammen zu schiessen." **Ders.** 11. — „die Colümlein auff ein Brett außschiessen." **Ders.** 56. — Wie das Format in Folio u. s. w. auszuschießen sei, lehrt **Geßner-Hager** I 2) 1 ff. — „die Columnen auf ein Bret setzen, oder ausschiesen." **Geßner-Hager** s. v. Setzbret. — „A. oder Ausschieben der gesetzten Columnen" [aus dem Schiff auf das Setzbrett mittels der Kolumnenschnur]. **Täubel**. [**Ders.** s. v. Ausbinden.] — „Formate ausschießen." **Ders.** — „die Columnen in allen Formaten richtig auf das Setzbret stellen, oder ausschießen." **Ders.** II, Format-Lehre. — „A., das, der verschiedenen Formate . . . der Kolumnen auf das Setzbrett oder auf die Schließplatte . . ." **Waldow**.

2. „Wenn die Buchstaben beym Gießen an den Köpfen **ausgeschossen** sind, oder gleichsam dünne Gußbärte bekommen haben; so wird das **ausgeschossene Metall** oder der Bart mit einem Schneidemesser abgeputzt." **Täubel** s. v. Mundiren.

ausschließen. „eine Zeile im Winckelhacken ausschließen." **Geßner-Hager** s. v. Setzlinie und Winckelhacken. — „den Ausgang einer Zeile mit Quadraten ausschließen." **Ders.** s. v. Quadraten. — „A. der gesetzten Zeilen." **Täubel**. — „Ist die Zeile so weit ausgesetzt, daß ihm kein Wort, oder wenigstens die erste Sylbe des künftigen Wortes nicht mehr in die Zeile hinein geht . . .; so sagt man ihm [dem Setzerlehrling], daß . . . er nun die Zeile ausschließen und dadurch vollends voll machen müsse, und läßt ihm zwischen jedes Wort so lange noch ein Spatium setzen oder hinein stecken, bis dadurch die Zeile voll wird." **Ders.** s. v. Anführen. — „Unter A. versteht man die Bildung von Zeilen in ihrem bestimmten Verhältnis zum Format . . ." **Waldow.**

Ausschließung. 1. „Ausschließungen, heißen überhaupt alle die gegossenen metallenen Körper im Schriftkasten, mit welchen der Setzer den Raum, der im Abdrucke zwischen den Wörtern und Zeilen leer bleiben soll, bildet oder setzt. Diese sind z. B. die Spatien, . . . die **Halbgevierten, Ganzgevierten,** ganze und halbe **Concordanz-Quadraten,** lange und kürzere **Durchschießlinien (Regletten)** u. s. w." **Täubel.** — **Waldow,** der Ausschluß als Stichwort hat.

2. s. Exklusion.

aussetzen. 1. „. . . damit solche [Abbreviaturen] ein Setzer wisse auszusetzen". **Ernesti** 24. — „Worte [wie „Seite" und „Zeile" im Druckfehlerverzeichnis] abgekürzt drucken, und selbige nur zu Anfange einmahl ganz aussetzen." **Täubel** s. v. Druckfehler.

2. „seine Forme oder seinen Bogen aussetzen". **Täubel** s. v. Abziehe-Format. — „Ist die Zeile so weit ausgesetzt, daß ihm [dem Setzer] kein Wort, oder wenigstens die erste Sylbe des künftigen Wortes nicht mehr in die Zeile hinein geht . . ." **Ders.** s. v. Anführen. — „eine Seite ganz aussetzen". **Ders.** s. v. Ausbinden.

3. „A. des Tiegels. Der Tiegel setzt nicht gut aus, sagt man, wenn der Abdruck nach dem Ziehen nicht gleich schwarz und leserlich heraus kommt." **Täubel.**

4. „ . . . was an Schrifften stumpff und unbrauchbar befunden, [soll] ausgesetzet [aus den Kasten] werden, und soll der Drucker, an dero Stelle neue Schrifft zu giessen, oder anzuschaffen verbunden seyn." **Dantziger Druckerey-Ordnung** 1684 bei Pater 53.

aussperren. „zu Aussperrung einer Zeile". **Geßner-Hager** s. v. Quadrätgen, Schließ-. — „eine Zeile a., d. h. erweitern". **Waldow** s. v. Ausschließen.

ausstreichen. 1. auseinanderstreichen. „Ausstreichung der Farbe". **Geßner-Hager** s. v. Farbeisen. — „Ausstreichen der Farbe im Farbesteine . . . wenn der Drucker dünne oder recht fein und flach mit dem Farbeeisen die Farbe im Farbesteine von hinten nach vorwärts ausstreicht . . ." **Täubel.** — **Waldow.**

2. glatt streichen. „A. des Papieres beim Einlegen in die Schnellpresse." **Waldow.**

austragen s. ausheben 3.

auszählen s. ausrechnen.

auszeichnen. 1. „Wenn ein Buchstabe aus einer andern Schrift mit eingeschlichen, wird er [vom Korrektor] ausgezeichnet, und mit einem Strichlein angemerket."

Ernesti zu S. 48. — „. . . werden die Druckfehler von dem Corrector ausgezeichnet". **Hübners** Natur- u. s. w. Lexicon, Leipzig (1. Aufl. 1712) 1776 s. v. Buchdruckerkunst. — Sieh auch: zeichnen 1.

2. „A., muß der Setzer das Manuscript, damit er sehen kan, wie viel auf eine Columne gehet, alsdenn kan er ohngefehr sagen, wie viel Bogen das gantze Werck austragen wird." **Geßner-Hager**. — „Auszeichnung der Columnen". Ders. s. v. Röthelstein.

3. „A. der Prime im Manuscripte, heißt: wenn der Setzer einen Bogen in diesem oder jenem Formate ganz fertig oder ausgesetzt hat, so zeichnet er sich dieses im Manuscripte mit Röthel, oder in Ermangelung dessen, mit Bleystifte bey dem Worte an, wo der Bogen ausgeht, und sich der künftige Bogen, oder die Prime des künftigen Bogens, anfängt, . . . damit er . . . gleich wissen kann, wo er wieder fortsetzen soll, . . . [und] damit der Corrector . . . weis, wo der Bogen im Manuscripte seinen Anfang nimmt . . ." **Täubel**.

4. „Wörter, die sich im Texte vor den andern auszeichnen oder mehr ins Auge fallen sollen." **Täubel** s. v. Durchschießen. — Daher: **Auszeichnungsschrift**. „Auszeichnungsschriften im Text. Zur Auszeichnung oder Hervorhebung einzelner Wörter oder Sätze im Text eines Werkes benutzt man, wenn nicht das Spatiinieren der Worte genügt, eigens bestimmte Schriften, die einen kräftigern, fettern Schnitt haben als die Textschrift." **Waldow**.

Autor (lat.; in der Druckersprache gewöhnlich auf der letzten Silbe betont!). „Autor" (eines Buchs). **Hornschuch** 9. — „Author". **Redinger**, Titel u. 67. 71. — „Autor, oder Verfasser, eines Buches . . ." **Geßner-Hager**, der auch „Verfertiger" (III 15 u. ö.) und „Urheber" (III 16) hat. — „A." **Täubel** s. v. Manuscript.

Bachulke s. Ballenmeister.

Ballen. 1. „Die drucker mußen zuvoren / zween ballen han gemacht / von leder vnd woll, wilt horen." **Paul von der Aelst** 1602 (bei Osk. Schade, Deutsche Handwerkslieder, Lpz. 1865 S. 29). — „Alsdann von Woll vnd Leder gut / Zween runde Ballen machen thut / Trägt auff den Fürniß" u. s. w. **Der Edle Greiff** bei Hornschuch 121. — „B., sind mit gesottenen Pferdehaaren [**Ballenhaare** bei Täubel] ausgestopfte lederne Küssen [**Ballenleder** bei Täubel] mit hölzernen Griffen [**Ballhölzer**; Täubel: **Ballenhölzer**], womit die Farbe auf die Formen zum Abdrucken aufgetragen wird." **Geßner-Hager**, welcher außer „**Ballhölzer**" auch „**Ballnägel**" (Täubel: **Ballennägel**; — s. abbrechen 1.) als Stichwort hat. — „B., sind zwey Instrumente des Druckers, mit denen er die Farbe (Schwärze) auf die Forme, von welcher er Abdrücke machen soll, bringt oder aufträgt." **Täubel**, welcher noch „**Ballenmesser**" („mit diesem pflegt der

Drucker die Ballen von dem Unrathe abzuputzen") als besonderes Stichwort bringt. — Im Buchdrucker-Wappen hält ein Greif in beiden Klauen zwei übereinandergesetzte Ballen. — Seit Einführung der Leim-Sirup-Walzen bedienen sich die Buchdrucker der B. nicht mehr. **Waldow.**

2. 1 Ballen (Druckpapier) = 10 Ries = 200 Buch = 5000 Bogen. **Pater** 86. 95. 99. — **Hübners** Natur- u. s. w. Lexicon, Leipzig (1. Aufl. 1712) 1776 s. v. Papier.

Balleneisen s. v. w. Ballenknecht (s. d.) von Eisen. **Täubel.**

Ballenknecht. 1. „B." **Gvoinz.** — „B., sind zwey Hölzer, welche in der Preßwand eingemacht sind, worauf die Ballen gesetzet werden, wenn die Farbe auf die Formen aufgetragen ist. Man braucht diese sonderlich wenn nur ein Drucker an der Presse arbeitet." **Geßner-Hager.** — „... zwey runde Hölzer, ... auf welchen die Ballen ruhen, wenn solche der Drucker nicht in den Händen hat ..." **Täubel.**

2. Schimpfwort für einen Drucker.

Ballen machen, eine Verrichtung des Druckers, die sich zusammensetzte aus dem Abschlagen der Ballen (s. abschlagen 2.), dem Haarezausen (s. d.) und dem Aufschlagen der Ballen. **Täubel.**

Ballenmeister. „Ballen-Meister". **Pater** 14. — „Ballmeister, heißt derjenige, der sich um die Ballen bekümmert, und selbige in guten Stande erhält, damit ein guter Druck zum Vorschein gebracht wird." **Geßner-Hager.** — „B." **Täubel.** — „B. hieß zu der Zeit des Handpressendrucks, als die Auftragewalzen noch nicht in Brauch waren, der mit dem Auftragen der Farbe beschäftigte Drucker." **Waldow.** — „Man nannte damals den an der Walze Stehenden auch **Bachulke**; diese Bezeichnung war aber wohl nur dann üblich, wenn der Betreffende kein gelernter Buchdrucker war." **Ders.** s. v. Am Deckel stehen.

Band. „B., ist ein Eisen mit zwey Gewinden, worinnen der Deckel gehet, deren zwey sind, und am Karn angemacht seyn müssen." **Geßner-Hager.**

Bart eines Buchstabens, **Gußbart**, das beim Gießen an den Köpfen der Buchstaben ausgeschossene (s. ausschießen 2.) Metall. **Täubel** s. v. Mundiren. — Sieh auch: Gießzapfen.

Bassage s. Passage.

Bastardhöhen, Bastardkegel, diejenigen Schrifthöhen bezw. Kegel, welche weder in das französische, noch in die sogenannten Haussysteme der ältern Gießereien hineingehören, und teils durch mangelhafte Zurichtung seitens der Buchdruckereien, teils durch Versehen in den Gießereien entstanden sind. **Waldow.**

Bausch s. Träger 1.

Becher, an dem der Tiegel bei der Stanhopepresse befestigt ist. **Waldow** s. v. Handpresse d.

befeuchten s. anfeuchten.

begreifen, einnehmen. „Ist ein Anfangsbuchstabe ... sehr groß, so daß sein Umfang oder seine etwanige Verzierung 3, 4 oder gar mehrere

Zeilen der Schrift des Textes, den er anfängt, einnimmt, oder, wie die Setzer sagen: begreift . . ." **Täubel** s. v. Anfangsbuchstaben.

Beistrichlein s. Komma.

bemakeln s. makulieren.

Bengel. „B." Jo. Henr. Alstedii Encyclopaedia 1630 bei Wolf II 1054. — Gveintz. — „Ziehpengel". Pater 14; aber auch „Bengel" 56 d. u. „eiserne Stange oder Bengel" 56. — „B., ist ein Stab von Eisen [Bengeleisen], in der Spindel der Buchdruckerpresse eingemacht, womit die Presse zugezogen wird. Es ist selbiger forne, wo ihn der Drucker anfaßt, mit Holtz überzogen [Bengelscheide] und mit einem gegossenen Knopf von Bley [Bengelkopf] versehen." Geßner-Hager. (Die in eckigen Klammern beigefügten Namen der Teile giebt Täubel s. v. Drucker-Instrumente an.) — „B., ist ein Bestandtheil einer Buchdruckerpresse, mit welchem der Drucker zum Abdruck zieht." Täubel. — Waldow. — Andere Benennung: „Schwengel". Hübners Natur- u. s. w. Lexicon, Leipzig (1. Aufl. 1712) 1776 s. v. Buchdruckerkunst. — „B. (Schwengel)." Täubel I, Anhang.

berechnen. 1. „B., ist ein Ausdruck, der in den Buchdruckereyen vorkommt, wo die Gesellen stückweise arbeiten, und nicht in gewissen wöchentlichem Salare stehen, mithin alle verrichtete Arbeiten die Setzer nach gesetzten Bogen, und die Drucker ihre gedruckten Auflagen nach dem 1000 accordmäßig berechnen, und darnach bezahlt bekommen." Täubel. — „B., s. v. w. auf Stück arbeiten, nicht im gewissen Gelde setzen oder drucken, sondern ‚im Berechnen', was in Druckereien, hauptsächlich bezüglich des Satzes von glattem Satz eingeführt ist." Waldow. — Früher sagte man: „konsensweise" (s. d.).

2. (ein Manuskript) s. v. w. ausrechnen (s. d.).

beschweren, einen gefeuchteten Papierhaufen mittels eines auf das Feuchtbrett zu legenden Steines, des Beschwersteines. „Ihr feuchtet stets mit heissen Zähren / die Bogen eures Lebens an, / und last sie einen Stein beschwehren, / den nur der Tod erheben kan." Vergleichg. d. menschl. Lebens mit d. Buchdr. b. Ernesti. — „b." Geßner-Hager. — Täubel. — Waldow verweist auf „Feuchten".

Besehblech. „Blech, Besehe-Blech, ist ein Instrument der Schriftgießer, welches sie bey dem Justorio gebrauchen, um damit die Höhe des Kegels und Linie, so der Buchstabe haben soll, zu besehen." Geßner-Hager. — Täubel, der auch noch das Stichwort „Beseheklötzchen" (worauf die zu untersuchenden Buchstaben verschiedener Kegel gelegt werden; dasselbe ist metallen und viereckig) hat. — Waldow, der ebenfalls noch „Besehklotz" hat.

Besserer s. Korrektor.

bestätigen s. konfirmieren.

Bestoßzeug. „Im Stoßzeug dann mit grossen Summn Bestöst / daß sie ein Höh bekommn." Der Edle Greiff bei Hornschuch 119. — „B., ist ein Instrument bey den Schriftgießern, welches aus Holtz bestehet, worinnen sie die gegossenen Littern setzen und einkeilen, und mit dem dazu bereiteten Hobel bestoffen." Geßner-Hager. — Täubel s. v. Schriftgießer-Instrumente. — Waldow.

Bibel, Bibelschrift, frühere Benennung eines Schriftgrades, mit dem zuerst die Bibel gedruckt ist, anfangs s. v. w. Text, später s. v. w. Tertia. „Bibel- oder Textschrifft". Hornschuch (1. Ausg.) 41. — „Text Fractur / oder B." (Harsdörffer,) Gesprächspiele, Teil IV, Nürnberg 1644, S. 411. — „Bibel oder Tertia Fractur, Bibel Cursiv, Bibel oder Tertia Antiqua." Redinger. — „Tertia oder Bibel Fractur, Bibel oder Tertia Antiqua." Thun.

Bindestrich s. Divis.

Blankseite s. v. w. Schmutztitel (s. Titel).

Blase. „B., ist ein Gefäß von Kupfer gemacht, worinnen der Firniß gesotten wird." Geßner-Hager. — „Farbesiedekessel (Farbeblase)". Täubel s. v. Abkreischen. — „Firnißsiedkessel". Ders. s. v. Farbesieden.

Blasebalg. „B., denselben braucht man in Druckereyen, die Kasten vom Staub damit zu reinigen." Geßner-Hager. — Waldow s. v. Abstäuben.

Blasenhut. „B., ist der Deckel auf die Blase." Geßner-Hager.

Blatthalter s. Divisorium.

Blatthüter s. Kustos.

Blattseite s. Pagina.

Blattzeichen s. Signatur 1.

bleich. „Wie artig wissen die Drucker . . . im drucken die Farben zu temperiren, daß es nicht zu schwartz oder [nicht] bleich werde." Redinger, Dedicatio. — „. . . damit die litern nicht bleich / sondern fein schwartz / rein und sauber / mit allen ihren Scharfirungen / sonder einige Putzen / in die Augen lauffen." Pater 107. — Sieh auch: gelb.

blind abziehen, einen Bogen, ohne vorher Farbe auf die Form aufgetragen zu haben. Geßner 415. — „b. a." u. „b. abdrucken". Täubel s. v. Drucken.

Blockade, blockieren (franz.). „Kann der Setzer in einem Manuskript ein oder mehrere Worte nicht lesen, oder nimmt er eine Auslassung wahr, so stellt er soviel Buchstaben, als die unleserlichen resp. fehlenden Worte ungefähr ausmachen können, auf den Kopf, er ‚blockiert sie', damit das Fehlen derselben bei der Korrektur sofort bemerkt werde. Blockiert werden auch momentan fehlende Buchstaben auf so lange, bis sie ergänzt werden können." Waldow. — Sieh auch: Fliegenkopf.

Boden s. Fundament.

Bordüre (franz.) s. v. w. Einfassung (s. einfassen).

Borgis od. **Bourgeois** (franz., ‚bürgerliche', d. i. gemeine Schrift), ein Schriftgrad. „Borgois Antiqua, und Cursiv Schrift, die mittelste zwischen Corpus und Petit, der Ordnung nach." Geßner-Hager. — „Bourgis oder kleine Corpus Fractur". Geßner. — „Borgois." Täubel. — „B." Waldow.

Braut, eine Art Extraausgabe der Postulierenden (s. d.). „[Es soll] unter denen Gesellen aber der neuerlich eingeführte Mißbrauch, wegen der so genannten Braut, Verschenckung des Kindes, und was dergleichen mehr, allerdings und bey Straf eines Güldens, von ieder Ubertretung, abgestellt und verbothen sein." **Augsburger Buchdr.-Ordng.** 1713 bei Werther 495. — **Adrian Beier**, Handlungs- Kunst- Berg- und Handwercks-Lexicon, Jena 1722, erwähnt „Braut-Lösungs-Gelder" aus Schusterakten vom J. 1703.

Brett s. v. w. Setzbrett (s. d.). — **Bretter machen**, den Satz auf Bretter stellen.

Brevier (lat.), ein Schriftgrad, mit welchem früher die Breviere (Gebetbücher der Geistlichen) gedruckt wurden. „Brevir." **Garzoni**, Schawplatz, Übs. 1659 S. 967. — „B. oder Rheinländer", in Fraktur, Schwabacher, Antiqua und Kursiv, zwischen Cicero und Korpus. **Ernesti** 2. — „Descendiain (Brevier)." **Täubel** s. v. Schriftkögel.

Brille. „zu Weghauung der Brillen oder Absatz des Buchstabens." **Geßner-Hager** s. v. Meisel. — „Brillen, es brillt sich, eine Redensart bey den Buchdruckern, ist dasjenige, wenn an der untersten Zeile der Columne der Abguß von den Buchstaben mit kommt." **Geßner-Hager.**

Brotschriften, Werkschriften, die am meisten gebrauchten Schriftgrade, die dem Buchdrucker „das Brot" bringen und mit denen er „Werke" setzt; Ggs.: Accidenzschriften. **Waldow.**

Brücke. „B., sind zwey Stückgen Bret, so in der Preßwand eingelassen sind, worinnen die Büchse gehet." **Geßner-Hager.** — **Täubel.**

Buch. „Opus, Werck oder Buch." **Redinger** 67. — „B., dieses Wort hat verschiedene Bedeutungen. Braucht man es von reinem und noch nicht beschriebenem Pappier; So bedeutet es im Schreibpappier 24. Bogen, im Druckpappier aber 25. Bogen. [Vgl.: „ein Buch / oder Alphabet". **Pater** 110.] Sonsten begreift man unter dem Wort B. die Schriften der Gelehrten, . . . weil man vormals seine Gedancken auf Rinden, Blätter, auch wohl gar auf geschlossenes Holtz von Buchsbäumen hat schreiben müssen . . ." **Geßner-Hager.** — „B., im allgemeinen jede aus mehrern Bogen bestehende Schrift sowohl wie mehrere zu einem Ganzen verbundene Blätter; im speciellen Bezeichnung für einen Teil oder Abschnitt eines gedruckten oder geschriebenen Buches." **Waldow.**

Buchdrucker. „B." **Hornschuch.** — „B., ist hauptsächlich derjenige, welcher mit Buchdrucken umgehet. Die Arbeit, so dazu erfordert wird, ist zweyfach, dahero auch insgemein zwey besondere Personen darzu sind, nemlich ein Setzer und ein Drucker, unterdessen heisen sie dennoch überhaupt Buchdrucker . . ." **Geßner-Hager.** — **Waldow**, der das **Buchdrucken** definiert als „die Kunst, eine Handschrift mittelst beweglicher Lettern (Typen) in beliebiger Menge zu vervielfältigen". — Sieh auch: Drucker.

Buchdruckerei. „Buchdruckerey (officina typographica)." **Hornschuch.** — „Officin". **Pater** 97. — „Drucker-Officinen". **Ders.** 107. — „Officin". **Vergleichg. d. menschl. Lebens mit d. Buchdr.** bei Ernesti. — „Buchdruckerey, officina typographica, ist derjenige Ort, oder Werckstadt, wo das zum drucken nöthige Geräthe in Ordnung gestellet, und das drucken verrichtet wird . . ." **Geßner-Hager.** — „Offizin". **Täubel** d. — „B. (Offizin)". **Waldow.**

Buchdruckerfarbe s. Farbe.

Buchdruckerordnung. „Buchdrucker-Ordnungen, sind diejenigen Gesetze, die denen Buchdruckern von hohen Potentaten, oder Obrigkeiten ertheilet werden, wie sich selbige verhalten sollen . . ." **Geßner-Hager.** — Die „Dantziger Druckerey-Ordnung" von 1684 findet sich bei Pater 53 f.; die kurf. sächs. Buchdruckerei-Ordnung für Leipzig und Wittenberg vom 1. April 1606, die erneuerte Frankfurter vom 9. Febr. 1660, die Nürnberger von 1673, die Augsburger von 1713 u. s. w. bei Werther und bei Geßner-Hager.

Buchdruckerpresse s. Presse.

Buchdruckervorteil s. Vorteil 1.

Buchdruckfarbe s. Farbe.

Buchdruckpresse s. Presse.

Buchdruckschwärze s. Farbe.

Buchdruckstock s. Stock.

Büchse. „Büchs". **Gveintz.** — „Büchse". **Ch. Vester,** Löbl. Buchdrucker-Kunst, Halle ca. 1670, bei Wolf II 497. — „Die Büchse zeigt ein Loch . . ." **Vergleichg. d. menschl. Lebens mit d. Buchdr.** b. Ernesti. — „B., ist ein viereckigtes Holtz, durch welches die Spindel an der Presse gehet . . ." **Geßner-Hager.** — „B. (an einer sogenannten Büchsenpresse)." **Täubel** I, Anhang, der noch die Zusammensetzung „Büchsenkeile" s. v. Doppliren hat. Nach ebendemselben s. v. Drucker-Instrumente hatte man an älteren Buchdruckerpressen die Büchse mit dem holländischen Schloß an Stelle des späteren Stangenschlosses der sogen. Stangenpresse. — Eine messingene „B." auch auf dem Tiegel der Hofmannschen Presse. **Waldow** s. v. Handpresse h.

Buchstabe. „Die [ersten] Buchstaben waren von Holtz geschnitten . . ." **Dan. Specklin,** Straßburger Chronik, zum J. 1440, bei Wolf II 29. — „B." **Hornschuch.** — „nach der heutigen Manier gegoßene Typi, od. Buchstaben." **Pater** 104. — „die litern oder Typos". **Ders.** 107. — „Littern". **Vergleichg. d. menschl. Lebens mit d. Buchdr.** b. Ernesti. — „B." und „Littern", auch „Lettern". **Geßner-Hager.** — „Lettern" u. „Littern". **Täubel.** — „Buchstaben, Typen, Lettern sind vierseitige Metallstäbchen in bestimmter Höhe, die, aufrecht stehend, auf ihrem Kopfende das Bild des betreffenden Schriftzeichens verkehrt in Relief tragen." **Waldow.** — „Letter, Type, der in Schriftzeug verkörperte Buchstabe." **Ders.** — Sieh auch: Schrift.

Buchstabengießer s. Schriftgießer.

Bundsteg. „Bund-Stege". **Thun.** — „die Bund- und andere Stege". **Ernesti** 57. — „B., heißt derjenige Steg so zwischen den Columnen liegt, deren zweyerley breite und schmale sind.“ Geßner-Hager. — „Der weiße Rand der Blätter darf nicht zu schmahl seyn, und da, wo das Blatt im Rücken gebunden oder geheftet wird, muß dasselbe auch nicht zu wenig Platz haben, damit man es beym Lesen nicht gleichsam mit Gewalt bis in den innersten Winkel aufbrechen darf, oder wie der Buchdrucker zu reden pflegt: der Bundsteg darf, besonders bey starken dicken Bänden, nicht zu schmahl seyn.“ Täubel II, Vorrede S. V. — „Bundstege“. Ders. s. v. Stege. — „B. heißt das Füllmaterial für den Raum zwischen den Kolumnen von Oktav-, Sedez- &c. Formen, durch dessen Mitte die heftende Nadel des Buchbinders geht, und hat diesem Umstande auch gewiß seinen Namen zu verdanken.“ Waldow.

Bunzen s. Punzen.

Bürstenabzug, Herstellung eines Abzuges mittels einer Bürste, meist für Korrekturen. Waldow.

Cartouche (franz.). „Cartouche . . . ist eine zierliche Einfassung eines Anfangsbuchstaben.“ Geßner-Hager.

Charakter (lat., aus dem Griech.). 1. „Alchimistische Characteren“. Schmatz 81. — „Characteren des Apothecker Gewichts“. Ders. 84. — Dafür in beiden Verbindungen auch: „Zeichen“. Ders. auf dem Titelblatt u. S. 68. — „Chymische und Medicinische Kunst-Zeichen“. Pater 59. — „Medicinisch-Chymische Characteren und Apothecker-Gewicht“. Thun, Titel. — „Zeichen, Lat. Characteres, sind sehr verschieden. Man hat medicinische, Calender, mathematische und andere mehr . . .“ Geßner-Hager. — „Charaktere, Gesamtbezeichnung für Buchstaben und Schriftzeichen.“ Waldow. Früher besonders für Schriftzeichen von oben angegebener Art gebraucht.

2. früher s. v. w. Korrekturzeichen (s. d.).

Cicero, ein zwischen Mittel und Korpus liegender Schriftgrad von 12 Punkten in allen Schriftgattungen. „C.“ Hornschuch 39 ff. — Redinger. — Thun. — Ernesti 8 ff. (Die letztern drei unterscheiden grobe und kleine C.) — „C.-Schrift, ist eine Art kleiner lateinischen Buchstaben, welche ihren Namen vermuthlich daher bekommen hat, weil Ciceronis Schriften [genauer: Briefe] zu erst damit gedruckt worden . . .“ Geßner-Hager. (Vgl. Pater 29.) — „C.“ Täubel. — Waldow. — Andere Benennung: „. . . Cicero, so sonst auch Gabon hieß / Vielleicht von dem der sie zum erstenmahl abriß.“ Die Nahmen derer Schrifften in Reime verfasset / Aus Phil. Caes. von Fürstenauen [d. i. Philipp v. Zesen] Lobrede [1642] theils genommen, bei Thun.

Citat (lat.). „Citat.“ Geßner 385. — „citiren“. Ders. 398. — „Citate sind teils Quellenangaben von Büchern und Zeitschriften, teils längere oder kürzere Auszüge aus denselben . . .“ Waldow. — Früher sagte man auch: **Allegat** (lat.), und: **allegieren.** „Allegata“. Pater 107. 110. „wenn ein anderer Autor allegirt wird“. Geßner-Hager s. v. Gänßaugen.

Citationszeichen s. Gänsefüßchen.

Clarendon (engl.), eine Abart der Egyptienne (s. d.), die als Auszeichnungsschrift in der Antiqua wie als Titelschrift dient. **Waldow.**

Compagnon (franz.) s. Gespan.

Cornelius s. Kornut.

Dächelchen. „Die Buchstaben mit dem D. oder Hute, les lettres circonflexes." **Geßner**, Deutsch-franz. Kunstwörterverzeichnis. — „Buchstaben, die mit dem gewöhnlich sogenannten **Dächelchen** oder Hute, nämlich â ê î ô û" u. s. w. **Täubel**, Deutsch-franz. Kunstwörterverzeichnis.

Decke s. Krone.

Deckel. „D." Jo. Henr. Alstedii Encyclopaedia 1630 bei Wolf II 1054. — **Vergleichg. d. menschl. Lebens mit d. Buchdr.** bei Ernesti. — „ . . . thut er den D. fast wie ein Fenster auf und nimmt den gedruckten Bogen heraus". **Pater** 57. — „D., ist ein viereckigter Rahm von Holtz mit einer Pergament-Haut überzogen, worinnen noch ein anderer gleiches Namens, von Maculatur liegt. Es wird selbiger über die Forme beym Abdrucke geschlagen." **Geßner-Hager.** — „ . . . Man hat zweyerley Deckel bey der Presse, erstlich den **großen D.**, welcher am Karne durch seine Gewinde oder durch die beyden sogenannten **Deckelbänder** (Charniere) befestigt ist; und den **kleinen D.**, den man gewöhnlich den **Einlege-Deckel** nennt. Der große D. ist aus drey Leisten von trockenem harten Holze zusammengefügt; statt der vierten Leiste ist ein sogenanntes eisernes . . . Band, gemeiniglich Stange genannt, welches das länglichte Viereck des Deckels zuschließt und bildet . . ." **Täubel**, der auch die Zusammensetzungen „**Deckelrahme**", „**Deckelstange**" und „**Deckelüberzug**" hat. — „D." **Waldow** s. v. Handpresse o, der den Einlegedeckel „**Tympan**" nennt, womit die Franzosen den Deckel überhaupt bezeichnen (sie unterscheiden le grand und le petit tympan; sonst bedeutet t. bei ihnen Trommelfell, es stammt urspr. aus dem Griechischen, wo τύμπανον s. v. w. Pauke ist). — „**am Deckel stehen**". **Täubel** s. v. Auslegen. — „A. D. st. wird von dem Drucker an der Handpresse gesagt, welcher die Bogen auf den Deckel legt (einsticht), zieht und wieder auslegt . . . Man nannte ihn auch Preßmeister." **Waldow** s. v. Am D. st.

Deckelschnalle s. Schnalle.

Deckelstuhl s. Galgen.

Dedikation (lat.). „Dedicatio". **Hornschuch. Redinger.** — „Dedication". **Geßner** 377. **Täubel.** — „D., die Widmung eines Werkes an eine bestimmte Persönlichkeit." **Waldow**, der davon die „Zuschrift oder Anrede", von der nicht jede D. begleitet ist, unterscheidet. — Verdeutschungen: „Zuschrifft". **Vietor. Geßner-Hager** s. v. Dedications-Vignetten. **Geßner** vor seinem Werke. — „Zueignungsschrift". **Geßner** u. **Täubel** in den deutsch-ital. Kunstwörterverzeichnissen. — „Zueigungsschrift". **Täubel.**

Defekt (lat.). „Defect, heißet nicht nur

dasjenige, was an einem Dinge fehlet, sondern auch die Sache selbst, welcher einer oder mehrere von ihren Theilen fehlen, daß sie nicht vollkommen genennet werden kan. Dergleichen Unvollkommenheiten finden sich an Schriften, Rechnungen, Büchern, ꝛc." **Geßner-Hager.** — „Schrifftgiesser betrügen: . . . . . . Wenn sie mit Fleiß Defecte giessen, nehmlich einen Buchstaben in grosser, den andern in kleiner Menge, damit man nur desto mehr nachgiessen lassen muß und sie viel Giesser-Lohn überkommen." **Hönn,** Betrugs-Lexicon (1720. 1730) 1753 S. 407. — „Wenn in einer Buchdruckerey eine Schrift von diesen oder jenen Buchstaben zu wenig gegossen worden, so heißt es: zu dieser Schrift muß noch ein Defect nachgegossen werden." **Täubel** s. v. Defectzettel. — „Defekte: 1. die beim Einlegen einer neuen Schrift übrig gebliebenen Buchstaben; 2. die später beim Setzen als überflüssig ausgerafften Buchstaben; 3. diejenigen Buchstaben, welche sich bei einer neuen Schrift als fehlend herausstellen oder zu wenig vorhanden sind und bei der Gießerei nachbestellt werden müssen; 4. bisweilen auch s. v. w. Defektbogen (s. d.)." **Waldow.** — **Defekte Buchstaben** s. v. w. beschädigte B. **Ders.**

Defektbogen. „Defectbogen . . . . [heißen] die Bogen, welche vom Zuschusse [s. d.], nachdem alle Exemplare completirt sind, noch übrig bleiben, und noch rein und gut sind, . . . damit wenn etwa Bogen aus einem ganzen Exemplare beschmuzt werden oder verloren gehen, man vielleicht ein solches aus dem Päckchen D. wieder ergänzen kann." **Täubel.** — „D., die überschüssigen Exemplare der Auflage eines Werkes, welche dem Auftraggeber zugestellt werden müssen." **Waldow.**

Defektkasten. „Defectkasten, nennt der Setzer einen Schriftkasten, in welchen derselbe verschiedene ihm in einer Schriftgattung übrige oder überflüßige Buchstaben hinein legt, bis er solche etwa in Gebrauch nehmen muß." **Täubel.** — „D." **Waldow.**

Defektzettel. „Defectzettel, nennt der Buchdrucker einen Zettel, auf welchen derselbe dem Schriftgießer vorschreibt, welche Buchstaben er ihm zu einer Schrift, die er ihm gegossen hat, nachgießen soll . . ." **Täubel.** — „D." **Waldow.**

deleatur (lat., ‚es werde getilgt'). „. . . bis endlich gar der Tod sein deleatur schreibet". **Vergleichg. d. menschl. Lebens mit d. Buchdr.** b. Ernesti. — „. . . Und euer Heil und Glück [müsse] kein Deleatur wissen." **J. Chph. Heergart,** Postulatgedicht, Langensalza 1717. — „Wenn ein Wort doppelt gesetzet wäre, wird das eine durchstrichen, und mit neben stehendem deleatur angezeiget . . ." **Ernesti** zu S. 48, Rückseite. — Die Abkürzung davon als Korrekturzeichen schon bei **Hornschuch** 17, der verdeutschend „auszuthun" schreibt.

Deposition (lat.). Die D. war ursprünglich ein studentischer Brauch und wurde infolge der engen Beziehungen, in denen die Buchdruckereien der früheren Zeit zu den Universitäten standen, auch von den

Druckern angenommen. Vgl. **Paulus de Vise**, Depositio Cornuti, 1621, Prologus:

„So habn die lieben Alten auch
Gemacht einen feinen Gebrauch /
Dieweil der so da wil studirn /
Sich muß zuvor lahn deponirn:
Vnd nun ein Drucker vñ Student
Gehört unter ein Regiment,
Vñ sein Wandel stets bey jn fürt /
Werd er billich auch deponirt";

desgl. heißt es im **Edlen Greiff** bei Hornschuch 128:

„**Halten sich zun Studenten schon** /
Befreyet durch des Keysers Thron / . . .
Ja sie auch die Freyheiten führn
Daß sie jhr Jungen deponirn,
Damit sie können ohn gefehrdn /
Für Gsellen denn gerühmet werdn."

Auch Geßner-Hager geht bei der Erklärung des Wortes D. von dem studentischen Brauch aus: „D., war ehedessen auf hohen Schulen ein wunderlicher Gebrauch, da man die neu angekommenen Studenten durch einen besonders darzu bestellten Mann, welcher **Depositor** hiese, auf allerhand Art und Weise ihres Amtes erinnern, und ihrem Hochmuth Einhalt thun wollte. Heut zu Tage ist dieser Gebrauch wegen des grosen Mißbrauchs auf den meisten hohen Schulen abgeschaft, und ein jeder neuer Ankömmling wird damit, gegen Erlegung eines gewissen Geldes, verschont. **Bey Buchdruckereyen ist gleichsam noch ein Uberbleibsel davon bey Bestätigung** eines neuen Gesellens. Das Absehen dabey ist, daß ein jeder, der den Namen eines Gesellen mit Ehren führen will, die Laster der Jugend und alle grobe Sitten ablegen, hingegen der Tugend und nützlichen Wissenschaften sich Zeit Lebens mit allem Ernst widmen soll . . ." Ja, nach **Wilh. Fabricius**, Die Akademische Deposition, Freiburger Diss., Frkf. a. M. 1895 S. 64 f., „hat die akademische Deposition direct der Buchdruckerdeposition zum Vorbild gedient. Das ist auch ganz natürlich. Die Buchdruckerkunst ist erst im späten Mittelalter ganz neu aufgekommen; ihre Jünger konnten also nicht an die Gebräuche verwandter Zünfte — die es nicht gab, denn die Briefmaler und Holzschneider bildeten keine solche — anknüpfen. Vielmehr lag es für sie nahe, **enge Fühlung mit den akademischen Kreisen zu nehmen, da die Buchdrucker sich von Anfang an, mit mehr oder weniger Recht, zu den Gelehrten zählten und, sofern sie in Universitätsstädten arbeiteten, auch akademische Bürger waren** . . . . Jetzt erinnert nur noch der Titel ‚Universitätsbuchdrucker' daran."

Es giebt mehrere für Buchdrucker geschriebene und von ihnen aufgeführte **Depositionsspiele**. Die verschiedenen Ausgaben hat **Karl Theodor Gaedertz** in den Akademischen Blättern (hrsg. v. O. Sievers, Braunschweig 1884 S. 385 ff. u. 441 ff.) in ihrem Verhältnis zu einander beleuchtet, auch ebenda die beiden ältesten zum Abdruck gebracht, nämlich die „Depositio Cornuti“ des Danziger „Typotheta“ Paulus de Vise vom Jahre 1621 und das darauf im wesentlichen fußende Depositionsspiel des Dichters Johann Rist unter demselben Haupttitel aus dem Jahre 1655 (Lüneburg)[1]. Beide bieten ein Gemisch von hoch- und niederdeutschen Reimen dar; das Niederdeutsche bleibt jedoch auf die Rede des **Knechts** beschränkt. („Seine Verrichtung besteht darinnen, daß er dem Depositori den Cornuten überbringen muß“ u. s. w. Geßner-Hager.) Von den späteren Ausgaben bringt die Innsbrucker vom J. 1672 zum ersten Male eine ziemlich wörtliche hochdeutsche Übersetzung der niederdeutschen Rede des Knechts, wie sich letztere bei Rist findet, von dem die „von etlichen Kunst-liebenden vermehrte“ Ausgabe übrigens darin abweicht, daß sie, abgesehen von einigen Fortlassungen, einen Auszug aus des „Herrn M. Phil. Caes. [d. i. Philipp von Zesen] Gebundener Lob-Rede“, sowie „Deß Vice-Knechts oder Monsieur Sausewinds[2] lächerliche Vorred“, diese in Anlehnung an de Vise's „Beschluß“, enthält. Das dann folgende Depositionsspiel (Frkf. a. M. 1677), welches auch Jakob Redingers „Format-Büchlein“ (Frkf. a. M. 1679) angehängt ist, bildet eine Kombination der Ausgaben von 1655 u. 1672; es bringt die Rede des Knechts auf niederdeutsch mit in Klammern darunter gesetzter Übertragung. In dem Schmatzens „Format-Buch“ (Sulzbach 1684) angehängten Depositionsspiel ist die Rede des Knechts ebenfalls auf nieder- und hochdeutsch gegeben, nur mit dem Unterschiede, daß das Hochdeutsche jedesmal vorangestellt ist; neu sind die beiden Prosastücke „Ein andere Prologi“ und „Ein andere Abdanckung“. In der Ausgabe vom J. 1714 (Lübeck, bei Samuel Struck) ist das Hochdeutsche in Klammern neben das Niederdeutsche gesetzt; sonst ist die Sulzbacher Ausgabe zu Grunde gelegt. Das Ernesti's „Wol-eingerichteter Buchdruckerey“ (Nürnberg 1721) angehängte Depositionsspiel giebt in der Hauptsache den Wortlaut der Ausgabe von 1714 wieder; nur ist hier das Hochdeutsche vorangestellt, und neu sind ein Lied als Vorrede und eine Abdankung in Reimen. Dagegen ist die Geßners „in der Buchdruckerei wohl unterrichtetem Lehr-Jungen“ (Leipzig 1743) mitgegebene Depositio ganz hochdeutsch, auch sonst ist sie gekürzt, der gereimten schließt sich aber eine „Depositio in ungebundener Rede“ an. Schließlich erwähnt Gaebertz noch einen Druck o. O. u. J., welcher der letzte sein dürfte; er ist ganz hochdeutsch und in Alexandrinern abgefaßt und stellt sich als eine gekürzte, freie Bearbeitung des Ristschen Stückes dar.

[1] Einen Neudruck des letztern fügte Gaebertz auch seiner Schrift „Gebrüder Stern und Ristens Depositionspiel“ (Lüneburg 1886) bei und erläuterte ihn durch Abbildung der „Postulatsgeräthe“.

[2] Die Person des „Sausewind“ findet sich schon in Rist's „Friede wünschendem Teutschland“.

In diesen Depositionsspielen findet sich nicht nur der Hauptakt der akademischen D., „das Abstoßen oder Abhauen aufgesetzter Hörner (cornuum depositio)“ [Oskar Schade im Weimarischen Jahrbuch, Bd. VI, Hannover 1857, S. 323], wovon die D. ihren Namen erhalten, wieder, sondern auch all die anderen Quälereien, denen sich der Bean auf Universitäten unterziehen mußte. Der Brief der Braut an den jungen Gesellen, welchen Schade (a. a. O. S. 358 u. 379) aus dem Briefe der Mutter an den jungen Studenten, der hie und da bei akademischen Depositionen zur Verlesung kam, hervorgegangen sein läßt, hat sein nächstes Vorbild in dem Liebesbriefe, den die Schilderung einer studentischen Deposition in Alb. Wichgrevius' Cornelius relegatus v. J. 1600 erwähnt (Fabricius a. a. O. S. 53). Auch die Beichte und darauf erfolgende Absolution, ja die Taufe [mit Namengebung], welch letztere als solche auf deutschen Universitäten an den Beanen nicht vorgenommen zu sein scheint (vgl. Fabricius a. a. O. S. 40 u. 66 f.), finden sich noch deutlich ausgeprägt am Schlusse des ältesten Depositionsspieles vom J. 1621. Dagegen vermeiden Rist und seine Nachfolger die an kirchliche Einrichtungen erinnernden Ausdrücke und gebrauchen z. B. für „taufen“: „mit Wasser besprengen“. Ebenso treten an die Stelle der Personen des ältesten Spieles: „Der Pfaff“ und „Beyde Paten“ seit Rist „der Lehrmeister“ und „die Zeugen“; nur das letzte Depositionsspiel o. O. u. J., sowie die „Rede bei der Aufnahme eines neupostulirten Buchdrucker-Gesellen“ (bei G. Hayn, Das Postulat der Buchdrucker-Gesellen, Berlin 1802) haben wieder die Person des „Pfaffen“, der aber nicht mehr die Funktionen eines solchen ausübt, sondern bloß dem Namen nach vom Lehrmeister verschieden ist; und der „Pate“ findet sich noch in einem Postulatgedicht vom J. 1702, das ich unter die Beilagen aufgenommen habe. Die akademische D., welche noch vor 1750 (vgl. Fabricius a. a. O. S. 72) allgemein abgeschafft war, wurde nicht lange von der typographischen D. überlebt. Auch gegen die Mißbräuche der letztern erließen die Behörden wiederholt eindringliche Verfügungen. So untersagt eine Entscheidung des Leipziger Rats wegen Verschenkung der Postulate vom 28. Nov. 1704 (bei Werther 193) nochmals die „Deposition und andere ärgerliche und verbothene Ceremonien vor Ihnen allen (gestalt die Privat-Postulate welche in einer Officin alleine unter denen allda in Arbeit stehenden Gesellen, oder auch mit Zuziehung etlicher anderer vorgenommen worden, hierdurch gäntzlich cassiret, und abgeschafft werden) . . .“ Zwar gab Hier. Joh. Struck eine „Formel, nach welcher das deutsche Buchdrucker-Postulat in Stralsund von der dasigen Gesellschaft an Zwey geprüfte Liebhaber dieser Kunst am 8ten August 1764 öffentlich ertheilet worden“, heraus;

allein die Deposition geschah, wie es dort ausdrücklich heißt, „nach einem längst verjährten Gebrauch". Das Ganze ist, nach Gaedertz a. a. O. S. 468, ein Gespräch ohne dramatisches Leben. Nach ebendemselben erschienen noch 1777 „Reden bey der Aufnahme eines neuen Mitgliedes in die Buchdruckergesellschaft" o. O. (wieder abgedruckt bei Täubel, Bd. II) und 1802 eine „Rede" u. s. w. bei Hayn (s. oben), welcher indes in einer „vollständigen Übersicht des in einigen Provinzen Deutschlands annoch üblichen Postulats" erklärt, jeder gebildetere Neupostulierte finde das Postulat überflüssig, lächerlich und abgeschmackt u. s. w. Als letzter Rest der D. ist das „Gautschen" (s. d.) anzusehen. — Sieh auch die Artikel: konfirmieren, Kornut, Kranzjungfer, Postulat, Taufpfennig.

deputierter Geselle s. Assessor.

Descendiain (franz.), frühere Benennung eines zwischen Cicero und Korpus liegenden Schriftkegels und Schriftgrades. „D.-Kegel." Geßner-Hager I 2) 151. — „D. Fractur". Geßner. — „D. (Brevier)". Täubel s. v. Schriftkögel.

Diamant (franz.), einer der kleinsten Schriftgrade, von 4 Punkten. „Minores vel minimos typos, quos vulgo Rubin et Diamant vocant, ordine hic recensere haud lubet, quandoquidem illi magis à Belgis, quam à Germanis usurpantur." Gütner 1661 bei Wolf II 419. — „D." Waldow.

Direktor s. Faktor.

Distinktionszeichen s. Interpunktion.

Divis (lat.), ‚Teilungszeichen', Bindestrich, u. Trennungszeichen. „Wenn ein diviß zu Ende der Linien / die ein Wort nicht gantz hat begreiffen können / seyn sol . . ." Hornschuch 18. — „Mittelstrichlein =". (Harsdörffer.) Gesprächspiele, Teil IV, Nürnberg 1644, S. 412. — „das Divis = oder -, la Division". Geßner, Deutsch-franz. Kunstwörterverzeichnis, wo er auch das Stichwort „Theilungs-Zeichen" hat. — „Divis (Theilungszeichen)" u. s. w. Täubel, Deutsch-franz. Kunstwörterverz. — „Divise". Ders. s. v. Durchschießen (der Zeilen). — „Das D. ist eine Errungenschaft erst der spätern Zeit und dient zum Abbrechen der Worte von einer Zeile zur andern, sowie zum Verbinden der sogenannten Kuppelwörter." Waldow. — Sieh auch: Hyphen.

Divisorium (lat.). „Diviß". Gveintz. — „Divisorium". (Harsdörffer,) Gesprächspiele, Teil IV, Nürnbg. 1644, S. 412. — „. . . und befestiget solches [das Exemplar] mit dem Divisorio, welches wie ein Buchhalter zwey Zancken hat". Geßner-Hager s. v. Tenackel. — „Divisorium, ist ein gabelförmiges hölzernes Werkzeug, welches dem Setzer das Manuscript, von welchem er setzt, auf dem Tenakel, den er vor sich auf dem Schriftkasten stecken hat, fest hält; er kann solches auf und niederwärts rücken; man nennt es auch den Blatthalter." Täubel, der auch s. v. Setzer-Instrumente „D. oder Blatthalter" hat, während er s. v. Anführen den Tenakel „Blatthalter", das D. aber „Zeilenweiser" zubenennt, welches er ferner I, Anhang mit „Abtheiler" übersetzt. — „Das D. dient als Halter des Manuskripts, aber auch als Zeiger, indem es dem Setzer diejenige Stelle andeutet, wo er augenblicklich zu setzen hat." **Waldow** s. v. Tenakel. — Im Französischen bedeutet visorium (mit abgeworfener erster Silbe) nicht D., sondern Tenakel.

Donatschrift s. Fibelschrift.

Doppelmittel, ein zwischen Kanon und Text liegender Schriftgrad von der doppelten Stärke der Mittel, also von 28 Punkten. „doppelt Mittel". **Namen der Schriften**, aus Zesens Lobrede (1642) theils genommen (bei Thun). — „duppel Mittel". **Ch. Vester**, Löbl. Buchdrucker-Kunst, Halle ca. 1670, bei Wolf II 498. — „Doppel-Mittel". **Vater** 23. — „Roman oder doppel Mittel". **Ders.** 42. — „Doppelte Mittel oder Roman". **Thun.** — „Doppel-Mittel-Schrift". **Geßner-Hager.** — „Doppelmittel". **Täubel. Waldow.**

doppIieren s. duplieren.

Dreck, „vulgärer technischer Gesamtausdruck für die bei der Arbeit des Setzens sich einstellenden mannigfachen Nachteile, z. B. für Satz, den man zum Zweck des Wiedergebrauchs zurückgestellt hat und den man dann doch nicht verwenden kann, sondern der neu gesetzt werden muß, ferner für Satz von schlechtem Manuskript, für einen kleinen Teil Satz, in welchem viel Abkürzungen und Ziffern vorkommen, der aber, weil der übrige größere Teil glatter Satz ist, nicht höher berechnet werden kann, u.s.w." **Waldow.** — Vgl. auch: „den Karn in Koth verschieben" (s. Karren).

Druck. „D., ist zweyerley Schöndruck [s. d.] und Wiederdruck [s. d.] . . ." **Geßner-Hager.** — „Je nach Form der druckenden Flächen hat man es mit Tiegel-D. oder Cylinder-D. zu thun." **Waldow**

drucken; daneben im 16. u. 17. Jahrh. „drücken" (wovon „d." eigtl. die oberdeutsche Entsprechung ist), auch „trucken" und „trücken". — „trucken" ausschließlich im „Bericht Von Erfindung Der BuchTruckerey In Straßburg" vom Jahre 1640; dagegen vorwiegend „drucken" im „Jubilaeum Typographorum Lipsiensium" aus demselben Jahre. — Niedersächsisch: prenten, Prenterey (vgl. engl. to print, gekürzt aus imprint). **Pet. Schöffer** am Ende der von ihm gedruckten Sächs. Chronik v. J. 1492 (bei Wolf II 694).

Drucker. „D." u. „Setzer" werden unterschieden in dem Liede von **Jörg Busch** aus dem 16. Jahrh. (bei **Osk.** Schade, Deutsche Handwerkslieder, Lpz. 1865 S. 25). — „. . . Diese [vom Setzer hergerichtete] Forme nimmt der eigentlich also genannte D., bringet sie in die Presse, und leget sie auf das Fundament. Hierauf trägt sein Gehülfe, weilen derselben insgemein zwey bei einer Presse sind [s. Ballenmeister und Preßmeister], die Farbe mit den Ballen auf die Forme, nachdem er solche vom Farbenstein genommen, ist dieses geschehen, so legt er einen angefeuchteten reinen Bogen in den Deckel, schlägt denselben über die Forme, schiebt die Forme unter den Tiegel, und setzt dieselbe durch Anziehung des Bengels starck darauf, wodurch sich alsdenn die Schrift auf dem Pappier abdruckt . . ." **Geßner-Hager** s. v. Buchdrucker. — „Seitdem die Schnellpresse erfunden worden, heißt diejenige Klasse der D.-Gehülfen, welchen die Leitung des Drucks auf derselben obliegt, **Maschinenmeister**, während der Name D. speciell für diejenigen, welchen der Druck auf der Handpresse obliegt, verblieben ist." **Waldow**. — Sieh auch: Buchdrucker.

Druckereibuch s. aufdingen.

Druckereiordnung s. Buchdruckerordnung.

Druckereivorteil s. Vorteil 1.

Druckerfarbe, **Druckerfirnis** s. Farbe.

Druckeroffizin s. Buchdruckerei.

Druckerschwärze s. Farbe.

Druckesel s. Esel 2.

Druckfarbe s. Farbe.

Druckfehler. Das Wort findet sich noch nicht bei **Hornschuch**; derselbe spricht in der Dedikation von „den Druckervitiis vnd Erraten" u. S. 9 von „Erraten, vnd Fähler", und giebt S. 33 die Erklärung: „die errata typographica, das ist / die jenigen / so aus Irrthumb vnd Vnfleiß der Setzer . . . sich ereignen." Desgleichen sagt (**Harsdörffer**,) Gesprächspiele, Teil IV, Nürnbg. 1644, S. 413 nur: „die Fehler bezeichnen". Dagegen findet sich „Druck-Fehler" in der Dantziger Druckerey-Ordnung vom J. 1684 bei **Pater** 53, ferner bei **Geßner-Hager**, der auch „Errata" hat, und **Täubel**. Der letztere hat auch „Setzfehler" (s. v. Abziehen u. Setzer), welcher Ausdruck entschieden den Vorzug verdient, wenigstens für die von den Setzern gemachten Fehler, die wir gewöhnlich unter D. verstehen. D. ist indessen, nach **Waldow**, die „Gesamtbenennung aller der Irrtümer und Versehen, welche in einem bereits fertigen Drucke stehengeblieben sind", also auch solcher Fehler, die nicht dem Setzer zur Last fallen, sondern dem Drucker oder dem Autor bezw. dessen Stellvertreter.

druckfertig heißt ein Bogen, der, nach ausgeführter letzter Korrektur oder Revision, ohne weitere Änderungen gedruckt werden kann. — Sieh auch: imprimatur.

Druckpresse s. Presse.

dublieren s. duplieren.

Duerne (lat.). „Duern, oder zwen in einander gehörige Bögen" [in Folio]. **Vietor** 2. — „Duerne" [in Folio u. Quart]. **Geßner-Hager** I 2) 3. 5. — „Duern-Format in Folio, heißt, wenn zwey Bogen in Folio-Format auf zwey Bretern so ausgeschossen werden, daß solche nach dem Abdrucke ineinander gelegt und also leicht geheftet und ordentlich nacheinander gelesen werden können, statt daß solche gewöhnlich hintereinander, oder einer hinter dem andern, gefalzt und geheftet werden." **Täubel**. — „Duern". **Waldow** s. v. Folio-Format.

Duodez (lat.), das ‚Zwölfer‘-Format, bei dem der Bogen in 12 Blätter gebrochen ist, also 24 Seiten hat. „in duodecimo“. **Hornschuch. Vietor.** — „in Duodetz“. **Pater** 111. — „Duodez“. **Geßner-Hager. Täubel. Waldow.** — In übertragener Bedeutung: „einige duodec Männergen“ d. i. Männer von kleiner Gestalt. **J. A. Bernhard,** Curieuse Historie derer Gelehrten, Frkf. 1718 S. 113. — „Ein Kerl in Duodez, ein Narr in Folio“. **J. Ch. Günther,** Gedichte 1735 S. 492 Anm. — „Duodezmonarchie“. **K. Jul. Weber,** Demokritos, Bd. VII (S. 204 u. 225 der 7. Aufl.).

duplieren (lat., ‚verdoppeln‘). „Dupplirt, Duppliren, . . . wenn der Bogen bey dem Abdruck doppelt erscheint, welches daher kommt, wann etwa der Deckel sich hin und wieder ruckt, oder der Drucker zu viel Pappier in demselben eingestochen hat, daß er es mit Gewalt unter den Tiegel zwingen muß.“ **Geßner-Hager.** — „das Schmützen oder **Doppliren.**“ **Geßner** 414. — „Doppliren, heißt: wenn im Drucke ein Wort, eine Zeile, oder gar eine ganze Seite gleichsam doppelt gedruckt erscheint, wodurch es unleserlich wird.“ **Täubel.** — „**Dublieren** [von franz. doubler], das Nebenschattieren von Buchstaben, Linien und Punkten.“ **Waldow.** — Vgl.: schmitzen.

durchgehend, Ggs.: gespalten (s. d.).

durchschießen. „D. . . . Wenn in einem Werke **Wörter** vorkommen, die sich im Texte vor den andern auszeichnen oder mehr ins Auge fallen sollen, so hat man die Gewohnheit eingeführt, zwischen die Buchstaben solcher Wörter gleiche Spatien [s. d.] zu setzen . . . — D. der **Zeilen,** heißt: wenn zwischen jede Zeile eine Quadratzeile gesetzt wird . . . Diese Quadratzeilen bilden einen weißen Raum, und machen den Text eines Buches leserlicher . . .“ **Täubel.** — „D., Zeilen durch gleichmäßiges Zwischenlegen von Durchschuß (s. d.) weiter voneinander entfernt halten.“ **Waldow.**

Durchschuß. „lange und kürzere **Durchschießlinien (Regletten)**“. **Täubel** s. v. Ausschließungen. — „D., Gesamtbenennung für diejenigen schwachen Bleistücke, welche zum Durchschießen von Satz dienen oder als Zwischenschlag (s. d.) zur Verwendung kommen. Es giebt **Stückdurchschuß** in kleinern Längen, sowie D. in längern Stücken, Regletten genannt.“ **Waldow.**

Ecke. „Ecken, auch **Eckstücke** genannt, werden in Schriftzeug und aus Messing gefertigt und dienen im Verein mit Einfassungen oder Linien zur Umrahmung des Satzes.“ **Waldow.** — Zu unterscheiden von: „**Ecklinien,** auch **Gehrungen** genannt, mit einem an einer Seite befindlichen schrägen Schnitt versehene Linien, die sich dadurch zu einer Ecke vereinigen lassen.“ **Ders.**

Egyptienne (franz.), eine Auszeichnungsschrift in der Antiqua, die statt der feinen Schraffierung einen gleichmäßigen Grundstrich hat. **Waldow.**

Eierkuchen. „Es giebt eigentlich zwei Arten Zwiebelfische [s. d.]. Die eine bildet der mit dem weiteren technischen Ausdrucke E. bezeichnete, zusammengeworfene gute aber ausgedruckte Satz, die andere entsteht durch das Ablegen von Material oder Schrift an Plätze, wohin beides nicht gehört." **Allg. Anzeiger f. Druckereien** 1900 Nr. 5. — Die Benennung entspricht etwa dem franz. pâté und dem engl. pie.

einbringen (Ggs.: ausbringen). „E." **Geßner**, Deutsch-ital. Kunstwörterverzeichnis. — „E., nennt der Setzer, wenn er eine gewisse Anzahl Seiten schon ausgesetzt hat, und dann findet, daß deren weniger hätten seyn sollen; so muß er solche wieder umbrechen, und enger als vorher setzen . . ." **Täubel.** — „E. wird dann nötig, wenn entweder eine für das Format zu kurze Ausgangszeile gemacht worden ist (weniger als zwei Silben müssen stets ‚eingebracht' werden), oder wenn eine mit einer Ausgangszeile schließende Spalte oder Seite um diese zu lang ist." **Waldow.**

einfassen. „alle Colümlin mit Linien eingefast". **Vietor** 62. — „E. einer Columne oder aller Columnen einer Forme . . . mit Doppellinien . . . oder mit Röschen . . ." **Täubel.** — „**Einfassungen**". **Ders.** ibidem et s. v. Formschneider. — „Einfassungen, Bordüren, bestehen entweder aus einem Stück, welches zugleich Eckstück [s. Ecke] ist, oder aus mehreren Stücken, von welchen eines die Ecke bildet." **Waldow.**

Eingangsbericht s. Vorrede.

eingehen s. einlaufen 2.

einheben (Ggs.: ausheben). „E., eine Forme, ist ein Ausdruck des Druckers, wenn er eine Forme in die Presse trägt (legt), die er zurichten und von welcher er eine bestimmte Anzahl Abdrücke machen soll . . ." **Täubel.** — „E. der Form, das Betten und Befestigen der Druckform auf dem Fundament der Presse oder Maschine." **Waldow.**

einkeilen. „E., muß der Drucker die Forme in die Presse, damit solche nicht fortrücket." **Geßner-Hager.** — „E. der Forme, . . . zwischen die eiserne Rahme der Forme und den Rand des Karns so viel Stege legen, daß der Zwischenraum ausgefüllt wird." **Täubel.** — „Zum Druck auf Buchdruckhandpressen geschlossene Formen werden auf dem Fundament eingekeilt, wenn zum Schließen Rahmen genommen wurden, welche kleiner sind als das Fundament. Man legt gegen die Backen des Fundamentes gewöhnliche Holzstege und verkeilt die Form mittelst mehrerer einfacher Holzkeile von zwei Seiten derart, daß die Schrift möglichst genau in der Mitte des Fundamentes ruht." **Waldow.**

einlaufen (Ggs.: auslaufen). 1. „. . . Wenn der Setzer . . . bemerkt, daß mehrere Zeilen oder Seiten des Manuscriptes auf eine Forme gehen, als er vorher gerechnet hatte; dann sagt er: **das Manuscript läuft ein.**" **Täubel.**

2. „. . . Sobald das nasse Papier

ausgetrocknet . . . ist, so geben sich die Bestandtheile desselben wieder etwas enger zusammen, dann heißt es: das Papier läuft ein." Täubel. — Dafür: „Eingehen oder Eintrocknen, also Kleinerwerden des Papieres". Waldow.

Einlegedeckel s. Deckel.

einlegen. „E., heißt diejenige Handlung, wenn der Setzer die Schriften, wenn sie neu gegossen, in die Kästen, ingleichen der Drucker die Bogen in Deckel, absonderlich bey den Wiederdruck, leget." Geßner-Hager. — Für das erstere: „einlosiren" [vgl. ital. alloggiare]. Hornschuch 21. — „Einlegen der Schriften, das Füllen eines Setzkastens mit neuer Schrift" und „E. der Bogen in den Deckel der Presse und auf den Cylinder der Schnellpresse". Waldow. — „Einleger, diejenige Person, welche die zu bedruckenden Bogen in die Maschine einlegt." Ders.

einraffen. „Buchstaben in den Setzkasten bequem einrappen". Täubel s. v. Defectkasten. — Vgl.: ausraffen.

einrücken s. einziehen.

Einsatz, die durch den Typendruck im Papier entstandenen Unebenheiten. Otto Luegers Lexikon der gesamten Technik, Stuttgart 1894, s. v. Buchdruckerkunst.

Einschluß(zeichen) s. Parenthese.

einschreiben s. aufdingen.

Einstechblättchen s. Aufstechblättchen.

Einstechbogen. „Einstechebogen, ist derjenige Bogen, den der Drucker . . . über dem Einlegedeckel in die Puncturspitzen in seiner Mitte gerade einsticht, und der ihm beym Einstechen aller folgenden abzudruckenden Bogen . . . gleichsam zum Muster dient." Täubel. — „Einsteckbogen" schreibt Waldow weniger gut.

einstechen. „Feucht Papier sticht er fleissig ein in spitzige Puncturen". Buchdruckerlied 17. Jahrh., Str. 9. — „E., muß der Drucker das Pappier halbe Buchweiß in den Deckel, bey dem Schöndruck; Bogenweiß aber im Wiederdruck, welches aber alsdenn Einlegen heißt." Geßner-Hager. — „E., einen abzudruckenden Bogen in die Puncturspitzen im Deckel". Täubel. — „Einstecken" schreibt Waldow weniger gut und giebt folgende Erklärung: „bei dem Druck auf der Holzpresse mehrere Bogen in den Deckel legen, wodurch das Anlegen erspart wurde."

einstecken. 1. „Der Bogen dieses Formats soll nach bezeichneten Linien zerschnitten / vnd der Obertheil eingesteckt werden." Vietor 34. — Dafür auch: ineinanderstecken, z. B.: „Der Bogen soll . . . nach den Signaturen in einander gesteckt werden." Ders. 30. — „Die zwey obersten Blätter werden am breiten Bund-Steg abgeschnitten, und im Falzen gehöriger Orten eingestecket." Ernesti 70.

2. s. aufstellen.

eintrocknen s. einlaufen 2.

einziehen. „⊏ Dieses Zeichen bedeutet / daß die Lini sol etlicher massen vom Rand eingezogen werden." Hornschuch 18. — Gegensatz: „⊐ So eine Lini näher zu dem Rande zu bringen . . ." Ebenda. — „wenn die erste Zeile herausgehet und man die andere einziehen soll". **Geßner-Hager** s. v. Quadrätgen. — „Der Setzer muß allezeit die erste Zeile eines neuen Absatzes weiter hinein rücken, als die übrigen Zeilen der Columne, damit der Anfang desselben dem Leser gleich ins Auge falle. Man sagt auch: eine Zeile weiter einziehen als die andere." **Täubel**, der auch auf „Absatz" verweist, wo es heißt: „ . . . oder, wie der Setzer zu sagen pflegt: nach einem Ausgang muß man den neuen Absatz einziehen". — „einrücken". **Ders.** I, Anhang. — „Einziehen einer Zeile" und „**Einzug** oder Alinea". **Waldow.**

Eiserne, der, s. v. w. Setzmaschine. **Allg. Anzeiger f. Druckereien** 1900 Nr. 7.

Elzevir-Versalie. „E.-Versalien, eine nach der holländ. Buchdruckerfamilie Elzevir [17. Jahrh.] benannte Titelschrift, die ihrer eleganten Einfachheit wegen sehr beliebt ist." **Waldow.**

enge halten (Ggs.: weitläufig halten). „E. h., ist ein Setzer-Ausdruck, wenn er im Satze weniger Platz zwischen die Zeilen oder Absätze machen muß, als gewöhnlich, oder als er vorher gethan, damit er hernach weniger Columnen bekömmt . . ." **Täubel.**

Entweichung s. Abtritt.

Errata (lat., ‚Irrtümer') s. Druckfehler; — „speciell im Sinne von ‚Druckfehlerverzeichnis' üblich". **Waldow.**

ersaufen. „Der Drucker muß den Einlegedeckel gehörig, jedoch nicht zu naß, anfeuchten, so daß der Druck, wie der Buchdrucker zu reden pflegt, nicht ersäuft (die Bogen die Farbe nicht annehmen)." **Täubel** s. v. Drucken.

Erwählungen, besondere Kalenderzeichen. „Erwehlungen". **Ernesti** 41. Unter dieser Überschrift werden daselbst aufgeführt die Zeichen für: „Auserwehlt Aderlassen, Gut Aderlassen, Gut Schrepfen, Gut Säen und Pflanzen, Glücklicher Tag, Gut Kinder entwehnen, Gut purgiren, Gut Bauholz fällen, Gut Jagen, Gut Fischen, Gut Augen Arzeneyen, Gut Nägel abschneiden, Gut Haar abschneiden, Gut ackern, Unglücklicher Tag". Von diesen Zeichen stehen 9, nur etwas kleiner, auch unter den „Bauren-Calender-Zeichen", wo es zweimal ausführlicher heißt: „Gut Baden, Schwitzen, Schrepfen", „Gut Haar abschneiden, Schafe scheeren", und sich noch ein Zeichen für „Gut Arzney brauchen" findet. — Statt obiger 15 führt **Geßner** 354 nur 12 „Erwählungen" an, deren Namen in obigen enthalten sind. — In solchen Zeichen sowie in anderen Kalenderzeichen ist zum Teil die von **Pater** 59 wiedergegebene „Antwort des Weibes" auf das gleichfalls mit Kalenderzeichen gespickte „Schertz-Schreiben eines Sternsehers" abgefaßt; hier finden sich noch Zeichen für „Gut heyrathen", „Gut Metall schmeltzen" und „Gut Ertz graben".

Esel. 1. „Esel". **Gveintz.** — „Essel". **Vietor, Schmatz u. Thun** (in der Wiedergabe der Gveintzschen Verse). — „Esel, wird in der Druckerey ein gevierdtes Stück Holtz genennet, welches vor der Presse den Hausen Pappier trägt, damit der Drucker die eintzelnen Bogen desto bequemer anfassen kan." **Geßner-Hager.** — „Esel oder Essel". **Täubel.**

2. Schimpfwort, wegen des Anklangs an „Gesell", bes. in „Druckesel". „Meck dunckt, he vvert sick men so stelln. / So plegn tho dohn sulcke Eselln", sagt der Knecht in Beziehung auf den Kornuten im **Depositionsspiel** v. 1621 (Gaedertz in den Akad. Blättern 402). — „Y sedst doch erst, Ick kan nicht lesn, / Vn vvult nu ein **DruckEsel** vvesn", desgl. ebd. (Rist hat dafür „Drükkgeselle". — Gaedertz a. a. O. 405). — „Nun wolln wir jn behobeln schnell. / Denn er ist gar ein grobr gEsell." Worte des Depositors ebd. (Gaedertz a. a. O. 408.)

Etienneschrift, eine nach der franz. Buchdruckerfamilie Etienne (16./17. Jahrh.) benannte sehr beliebte Accidenzschrift. **Waldow.**

Exemplar s. Manuskript.

Exklusion. „Exclusion, oder **Ausschließung,** wird demjenigen zu erkannt, der sich selbst durch böse Laster und verbothene Wege unehrlich gemachet. Jngleichen diejenigen, so auf der Kunst vor gantz unehrlich gehalten werden. Es wird ein solcher aus den Zusammenkünften verstossen, und nicht mehr vor ein Kunstglied erkennet, es ist ihm auch nicht erlaubt auf Druckerey zu arbeiten . . ." **Geßner-Hager.** — Vergl. **Werther** 441. 444. 455 und **Anmerkungen zu Werther** 54.

Extended (engl.), eine breite, magere Antiqua-Titelschrift, die aber auch in fettem Schnitt vorkommt. **Waldow.**

extendieren (lat., ‚ausdehnen'). **mit extendierten Stegen drucken,** eine beschränkte Anzahl Exemplare auf Schreibpapier mit breitem Rand drucken, was früher bei wissenschaftlichen Werken geschah, damit auf dem Rande Nachträge und Änderungen notiert werden konnten. **Waldow,** Nachtrag.

Fach. 1. eine Abteilung des Schriftkastens, die zur Aufnahme eines bestimmten Buchstabens dient. Der **Edle Greiff** bei Hornschuch 120. — **Geßner-Hager** s. v. Kasten. — **Täubel** s. v. Setzer. — **Waldow.** — **„Fächlein".** **Hornschuch** 20.

2. s. v. w. Spalte einer Tabelle. **Täubel** s. v. Abtheilen des Raumes.

Fahne, der Korrekturabzug eines längern Stückes noch nicht umbrochenen Satzes. **Waldow.** — Auch das Zeichen in Manuskripten, durch welches das auf dem Rande Vermerkte an die gehörige Stelle im Text gewiesen wird.

fahren s. Karren.

Faktor (lat., ‚Macher'). Das Wort findet sich bei **Hornschuch** noch nicht, sondern dafür „Inspector" (S. 6) in dem Sinne eines in Vertretung des Druckerherrn die Arbeit Beaufsichtigenden. — „Verwalter / oder Factor" [einer Buchdruckerei]. **Pater** 106. — „. . . indem der Geselle keine Herrschafft in der Druckerey haben kan, es sey denn, daß er Factor ist". **Werther** 219 (aus dem J. 1706). — Das „Gepriesene Andencken von Erfindung der Buchdruckerey" u. s. w.

(Leipzig 1740) führt in dem „Verzeichniß Sämmtlicher [damaliger Leipziger] Kunstverwandten“ unter den „Buchdruckern“ (Herren) 1 „Factor“ und unter den übrigen „Kunstverwandten“ (Gesellen) 4 mit der Bezeichnung „Factor“ auf. — „Factor, heiset bey Buchdruckereyen derjenige, welcher alles anordnet, und über alles und iedes die Aufsicht hat . . . .“ **Geßner-Hager.** — „Factors werden genennt diejenigen, welche in Druckereyen entweder nach Absterben des Buchdruckerherrns, oder auch noch bey dessen Lebzeit die Direction haben.“ **Hübners** Natur- u. s. w. Lexicon, Leipzig (1. Aufl. 1712) 1776 S. 797. — „Factor oder Director . . .“ **Täubel.** — „F., der eigentliche technische Leiter in Buchdruckereien . . . In solchen größern Umfanges sind seine Obliegenheiten zwischen einem Setzer- und Drucker-F. (auch Obermaschinenmeister genannt) geteilt, denen in ganz großen Instituten noch ein Ober-F. oder Direktor zur Seite steht.“ **Waldow.**

Falz, ein Kniff im Papier, bes. der beim Zusammenlegen der Bogen nach ihrem Format gemachte. 1. „Der Ueberzug des Deckels muß recht gerade, gleich gespannt und fest seyn, und darf nicht die geringsten Erhöhungen oder Falzen haben.“ **Täubel** s. v. **Deckel.** — „Falzenschlagen, Bauschen der Bogen“ (beim Schnellpressendruck). **Waldow.**

2. „Im vorgehenden sind 18. Colümlein / das gibt 9 Blätlein / da kan man das (9) vngrade Blätlein mit den andern nicht hefften / man mache dann ein besondern Faltz daran.“ **Vietor** 32. — „eine Faltze an den Blätlein machen“. **Thun.**

falzen, einkniffen. „einen Bogen faltzen“. **Thun.** — „falzen“. **Ernesti** 66. 70. — „F., heißt, die gedruckten ganzen Bogen nach ihren Formaten mit dem Falzbeine in ihre regelmäßigen Falten bringen, so, daß eine jede Seite nach ihrer Seitenzahl ordentlich auf die vorige folgt.“ **Täubel.** — „F., das Zusammenbrechen und Glattstreichen der Bogen nach Maßgabe des Formats.“ **Waldow** s. v. **Falzmaschine.**

Falzgräfin, scherzhafte Bezeichnung für eine Bogenfalzerin, mit Anlehnung an „Pfalzgräfin“; weiteren Kreisen bekannt geworden durch Paul v. Szczepanski's Roman „Die F.“ 1888.

Farbe. „Atramentum impressorium frequentissimum est, quod nigrum, vulgo **Trucker-Fürniß**; et ex oleo et fuligine compositum; vel rubrum, ex rubrica . . .“ **Jac. Bornitius**, Tractatus de rerum sufficientia, Frcf. 1625 p. 174 (bei **Wolf** II 1047). — „**Farbe**“. **Gveintz.** — „**Druckfarb**“ (**Harsdörffer,**) Gesprächspiele, Teil IV, Nürnberg 1644, S. 413. — „Firniß und Farbe“. **Dantziger Druckerey-Ordnung** 1684 bei **Pater** 53. — „der die Ballen mit der aus Lein-Oel gekochten starken Firniß, und mit Kühn-Ruß gemachten Druck-Farbe temperiret“. **Pater** 56. — „Drucker-Firniß, oder Farbe“. **Ders.** 57. — „**Buchdruckerfarbe**“ und „Farbe“. **Geßner-Hager.** —

„**Druckerfarbe**". **Geßner** u. **Täubel** in den deutsch-ital. Kunstwörterverzeichnissen. — „Buchdruckerfarbe, Druckfarbe, Farbe, **Druckerschwärze, Schwärze**". **Täubel**. — „F.", auch „**Buchdruckfarbe**", „**Buchdruckschwärze**" und „Schwärze". **Waldow**.

Farbeblase s. Blase.

Farbeeisen. „Farbeisen". **Gveintz**. — „Farbeisen, ist dasjenige Instrument, so bey Ausstreichung [s. d.] der Farbe auf dem Farbenstein gebraucht wird." **Geßner-Hager**. — „**Strich**- oder Farbeisen". **Geßner**, Deutsch-franz. Kunstwörterverzeichnis. — „**Schabeisen**, Farbeisen". **Ders**., Deutsch-ital. Kunstwörterverz. — „Farbeeisen". **Täubel**. — „**Streich**-, Strich- oder Farbeeisen". **Ders**., Deutsch-franz. Kunstwörterverzeichnis. — „Schabeisen, Farbeisen". **Ders**., Deutsch-ital. Kunstwörterverz. — „**Farbespachtel**, Farbeeisen, **Farbemesser**." **Waldow**.

Farbereiber s. Reiber.

Farbeschaufel. „... moderator pilae, der Ballen-Meister, rutro tinctorio, mit der Farbe-Schauffel melantheres [die Ballen] atramento imbuit, eodemque typos de novo semper illinit, quod das Auftragen dicunt." **Pater** 14. — Zu demselben Zwecke diente auch das Farbeeisen (s. d.).

Farbestein. „F." **Gveintz**. — „Farbenstein, ist ein hartes Stück Holtz, worauf die Farbe liegt." **Geßner-Hager**. — „Farbestein (**Farbe-Kasten**). **Täubel** s. v. Drucker-Instrumente. — **Waldow** unterscheidet „Farbestein" (einen Stein, der zum Anreiben bunter Farben, sowie zum Verreiben der zu verdruckenden Farbe mittels der Auftragwalze dient und in letzterem Falle auf dem Farbetisch sich befindet), „Farbekasten" (Farbebehälter) und „**Farbetisch**" (das Gestell, auf welchem früher die Ballen, jetzt die Walze mit Farbe versehen wird).

Federzüge s. Züge.

fertig machen. „die gegossenen Buchstaben mit einem Messer beschaben und s. w.". **Geßner-Hager** s. v. Eisen. — „Fertiggemacht müssen alle Schriften werden, d. h. sie werden auf Kegel, Höhe, Weite und Linie untersucht, und kleine Mängel beseitigt." **Waldow** s. v. Schriftgießerei. — Der Schriftgießer, welcher dieses verrichtet, sowie die vom Lager genommenen Schriften auf die von den Druckereien gewünschte Höhe hobelt, heißt **Fertigmacher**. **Ebenda**. — Dabei gebrauchte er früher zum Festhalten der Lettern das **Fertigmacheisen**: „Eisen, Fertig mach Eisen, ist ein Instrument bey den Schriftgießern, welches an dem einen Ende mit einen Hacken versehen, damit er, wenn er die gegossenen Buchstaben in den höltzern Winckelhacken gesetzt, mit solchem Eisen selbige zusammen hält . . ." **Geßner-Hager**. — **Täubel** s. v. Schriftgießer-Instrumente. — Jetzt dient dazu der im Bestoßzeug befindliche eiserne „**Fertigmachwinkelhaken**" bezw. der „Höhehobelwinkelhaken". **Waldow** s. v. Bestoßzeug u. Fertigmachwinkelhaken.

fett (Ggs.: mager). „Doppellinien,

wovon ein Strich schwärzer, dicker oder fetter als der andere seyn muß." **Täubel** s. v. Einfassen. — „Fette Schriften, Auszeichnungsschriften vollen, kräftigen Schnittes". **Waldow.** — „Halbfette Schriften." **Ders.** — „Fette, halbfette, fettfeine, feinfettfeine Linien". **Ders.**

Feuchtbrett. „Feuchtbreter". **Gveintz.** — „Feuchtbreter, sind diejenigen Breter, worauf der Drucker sein gefeuchtetes Pappier setzet. Es sind derselben zwey nöthig, eines untern Hauffen, das andere zur Bedeckung des Hauffens." **Geßner-Hager.** — „Feuchtebret". **Täubel** s. v. Feuchten. — „F." **Waldow.**

feuchten s. anfeuchten.

Feuchtfaß, Feuchtfäßchen. „Feuchtevaß, ist ein Gefäß von Holtz, welches der Drucker braucht bey Anfeuchtung des Pappiers . . ." **Geßner-Hager** I. — „Feuchtfäßgen, ein Gefäß mit einem Wasser . . . Der Setzer bedienet sich dieses Wassers mit einem Schwammen die trocknen Schriften zu benetzen, der Drucker zu Anfeuchtung des Deckels und der Ballen." **Geßner-Hager** II. — **Täubel** nennt das beim Anfeuchten des Papiers benutzte Druckergefäß „**Feuchtewanne**" s. v. Anführen; desgl. **Waldow** „Feuchtwanne oder **Feuchtmulde**" s. v. Feuchten.

Feuchtspan. „Feuchtspähne, es sind derselben zwey, welcher sich der Drucker bey Feuchtung des Pappiers bedienet, selbiges durchs Wasser zuziehen" [indem er das Papier zwischen die beiden Späne nimmt]. **Geßner-Hager.** — **Täubel** s. v. Feuchten. — „Feuchtspäne". **Waldow.**

Feuchtstein. „Feuchtestein". **Gveintz.** — Derselbe diente wohl zu demselben Zwecke, wozu man jetzt die **Feuchtbank** (**Waldow**) benutzt, auf welcher die Feuchtwanne steht und oft auch noch das gefeuchtete sowie das ungefeuchtete Papier Platz findet.

Fibelschrift. „Fibel- oder **Donatschrifft**" folgt bei **Hornschuch** 45 unter den „Teutschen" Schriften auf „Kleine Kanon". — Wohl so benannt, weil die ersten Fibeln bezw. der als Schulbuch sehr beliebte Auszug aus der Sprachlehre des lateinischen Grammatikers Donatus mit dieser Schrift gedruckt war.

Figur (lat.), Abbildung. „Figuren". **Hornschuch** 50. — „Die PostillFiguren in Folio". **Ebenda.** — „Figuren". **Gveintz.** — „Figurn der Mensch- und Thieren". **Vietor, Schmatz** u. **Ernesti** in Abänderung der Gveintzschen Stelle. — „Figuren, Abbildungen im Text oder auf selbstständigen Tafeln, zur Erläuterung des Textes dienend . . . Auch das Bild der Typen (Lettern) und die einzelnen Teile einer Einfassung [s. einfassen] werden mit dem Ausdruck F. bezeichnet". **Waldow.**

Filz. „Filtz". **Gveintz.** — „Filtz, ist ein aus Wolle, oder weichen Haaren, zubereiteter Zeug, welchen der Drucker bey Abziehung einer Forme gebraucht, wenn er selbige auf den Bogen legt, damt sich die Buchstaben desto besser eindrucken." **Geßner-Hager.** — „der Filz, oder das Stücke Tuch, welches der Drucker unter den Einlegedeckel zu legen pflegt". **Täubel** s. v. Deckel. — Jetzt bedient man sich eines Filztuches zur Umkleidung des zuvor mit trockenem Druckpapier umhüllten Cylinders an der Schnellpresse für Zeitungsdruck. **Waldow** s. v. Cylinderaufzug.

Finalstock (von lat. finalis d. i. am Schluß befindlich), Schlußverzierung. „Finalstöcke, heissen die Frantzosen Cu de lampe [Cul-de-lampe], teutsch werden sie s[alva] v[enia] Arsch genennet [ebenso auch in der ital. Druckersprache: culo]. Es sind allerhand in Holtz geschnittene Figuren und Zierrathen, welche man am Ende eines Wercks anbringt." **Geßner-Hager.** — „F." **Täubel**, Deutsch-franz. und deutsch-ital. Kunstwörterverzeichnis. — **Waldow.**

Fischblase, eine Art Zierraten. „Fischblasen". **Der Edle Greiff** bei Hornschuch 124.

flammierte Schrift, geflammte, verzierte Schrift. „Große flammirte Missal-Hebräisch". **Pater** 66.

Flaser. „F., heißen die Stöcke, oder Holtzschnitte, welche durch Patronen und Farben illuminirt werden, wenn sie gedruckt sind." **Geßner-Hager.**

Fleisch. „ein Buchstabe besitzt an einer Seite viel F., d. h. dort ist seine Bildfläche nur gering, der weiße Raum aber um so bedeutender." **Aug. Marahrens**, Handbuch der Typographie, Bd. I, Leipzig 1870, S. 82. — „F. nennt man 1. die nicht von dem Bilde der Type eingenommenen, am Kopf und Fuß derselben befindlichen tiefer liegenden Bleiteile, 2. auch die Walzenmasse an Buchdruckwalzen." **Waldow.**

fliegendes Blatt, Respektblatt, das einem Cirkular u. s. w. anhangende, die dritte und vierte Seite bildende unbedruckte Blatt Papier. **Waldow.**

Fliegenkopf, ein blockierter (s. d.) Buchstabe. **Waldow.**

Folgezeiger s. Kustos.

Folio (lat.), ein großes Format, das aus 2 Blättern oder 4 Seiten besteht. „in folio". **Hornschuch. Vietor.** — „Folio". **Geßner-Hager. Täubel. Waldow.** — In übertragener Bedeutung: „Säuffer in folio". **Janeser Potorianus** (d. i. Joh. Prätorius), Philosophia Salustiana 1664 p. 200. — „Ob schon die Buchdrucker wegen solcher heilsamen Kunst sehr Preiß-würdig seyn . . .; so findt man doch einige unter ihnen, die zwar in Quart, Octav, Duodec wissen zu drucken, unterdessen aber gleichwohl Vögel in Folio abgeben." **Abraham a S. Clara**, Etwas für Alle, Würtzburg 1699 S. 312. — „Centifolium stultorum in Quarto oder Hundert Ausbündiger Narren in Folio" (Wien 1709) heißt der Titel einer Schrift desselben Abrah. a. S. Clara. — „Narr in Folio". **Gf. Bj. Hancke**, Gedichte, I, 2. A., 1731, S. 325. II, 1731, S. 94. **J. Ch. Günther**, Gedichte 1735 S. 492 Anm. — „Der Narr in Folio" (Leipzig 1800) ist auch der Titel einer Schrift von **Joh. Gottlob Münch.**

Forderthaler, **Auflegthaler**, der Thaler, den jeder, welcher postulierte (s. d.), an die Gesellschaft erlegen mußte. **Augsburger Buchdr.-Ordng.** 1713 bei **Werther** 496 u. bei **Geßner-Hager** II, welcher „Auflag-Thaler" schreibt.

Forderzettel. „F., ist eine geschriebene Einladung, welche der Oberälteste einer Gesellschaft zuschickt, um dieselbige zu fordern." **Geßner-Hager.**

Form (lat.). „Mein form die klebt so harte / macht sie ist nit genetzt", sagt der Setzer in **Jörg Busch's** Lied aus dem 16. Jahrh. (bei **Osk. Schade**, Deutsche Handwerkslieder, Lpz. 1865, S. 25). — „ein gantze Forme". **Der Edle Greiff** bei Hornschuch 120. — „Formen". **Hornschuch** 11. 16. — „die Form mit der Schrifft", „Schrifft-Form". **Pater** 56. — „Formen, heissen die zum Drucken einer Seite des gantzen Bogens gehörige Columnen, wenn sie in die Rahmen eingeschraubt sind, und in die Presse gelegt werden können." **Geßner-Hager**, der in der Einzahl immer „Forme" hat, wie auch noch **Täubel**. — „F., technischer Ausdruck für die aus Typen zusammengesetzte oder aus Stereotyp- oder sonstigen Platten gebildete Druck-F. in beliebiger Größe." **Waldow.**

Format (lat.; Mehrz.: Formate, früher auch: Formaten, bei Redinger: Formater). „F". **Hornschuch** 10 ff., wo genannt werden die „in folio, quarto, octavo, duodecimo, decimo sexto, decimo octavo". — **Vietor** führt als kleinstes das „in Centesimo vigesimo octavo" an, in welchem ein Büchlein „zu Rom bey Guilielmo Faciotto, im Jahr 1592" gedruckt sei. — „F., ist die Grösse der Columnen . . . Die Formate sind in Ansehung ihrer Breite und Höhe sehr unterschieden." **Geßner-Hager.** — „F., die Größe eines Satzes in seinen Längen- und Breitendimensionen; die Größe der verschiedenen Papiere und die dem entsprechende Größe, resp. Einteilung einer Form." **Waldow.**

Formatbuch. „F., in diesem wird Unterricht ertheilet, wie man Formate ausschiesen [s. ausschießen 1.] soll. Insgemein sind auch die Orientalischen Alphabete angehänget, und sonsten allerhand, was ein Buchdrucker zu wissen nöthig hat." **Geßner-Hager.** — **Waldow.** — Das älteste „Format-Büchlein" scheint das von Joh. Ludw. Vietor aus Gießen vom J. 1664 zu sein. Eine verbesserte und vermehrte Auflage desselben besorgte Jak. Redinger (Frankf. a. M. 1679). Bald darauf erschien auch ein „Format-Buch" von Dan. Mich. Schmatz aus Wittenberg (Sulzbach 1684). Das sehr reichhaltige „Format-Buch" von Samuel Struck (Lübeck und Leipzig 1715) wurde wieder aufgelegt von Joh. Nik. Thun (ebd. 1724).

Format machen, dem Schriftsatz einer Form den richtigen Stand nach Verhältnis und Größe des zu bedruckenden Papiers geben und die leeren Räume entsprechend mit Stegen ausfüllen. **Waldow.** — Für diese Verrichtung des Druckers hat **Täubel** den Ausdruck „**Format suchen**".

Formenbrett s. Setzbrett.

Formenregal. „F., ist bey nahe nichts anders, als ein Repositorium mit Fächern, da man so wohl die gesetzten, als gewaschenen Formen hinein setzet." **Geßner-Hager.** — **Täubel** s. v. Setzer-Instrumente. — „F., ein schrankartiger Behälter zur Aufnahme von auf Setzbrettern stehenden Formen wie von leeren Setzbrettern". **Waldow.**

Formen schließen s. schließen.

Formrahmen s. Rahme.

fortdrucken, die verlangte Anzahl Abdrücke von einer Form machen, den Druck der Auflage ausführen. **Vietor** 31. 64. — **Täubel** s. v. Drucken. — **Waldow.**

Fraktur (lat., ‚Bruch'-Schrift). „Fractur". **Hornschuch.** — „**Fractürlein**" in Verbindung mit den Schriftgraden „Corpus" und „Jungfraw" bei **dems.** 47 (in der 1. Ausg. mit „32" u. „Concordantz"); mit „Jungfer" u. „Non-pareil" bei („**Harsdörffer**",) Gesprächspiele, Teil IV, Nürnberg 1644, S. 412. — Für „Fractur" gebraucht **Gütner**, Kemnitz 1661 (bei Wolf II 418) nur einmal den Ausdruck „**Gebrochene**" und zwar in Verbindung mit „Parangon". —

„Es mengt sich stets Fractur in unsre Freude ein,
und **bricht** die ganze Lust . . ."

Vergleichg. d. menschl. Lebens mit d. Buchdr. bei Ernesti. — „Fractur-Buchstaben, haben ihren Nahmen daher, weil sie in der Mitte absetzen, als ob sie gebrochen wären." **Geßner-Hager.** — „Fracturschriften nennen die Buchdrucker alle teutsche Schriften überhaupt, weil solche in ihrer Zeichnung und Gestalt mancherley Ecken oder **Brüche** haben." **Täubel.** — „F". **Waldow.**

Frosch. 1. ein zungenförmiges Stück Leder, links am Deckelrahmen angebracht und zum Festhalten des Einstechbogens dienend. **Täubel** s. v. Einstechebogen. — Sieh auch: Anlage.

2. auch **Schleife** genannt, das verschiebbare Mittelstück am Winkelhaken, mittels dessen das Format schmäler und breiter gestellt werden kann. **Waldow.**

Fundament (lat., ‚Grund, Boden'). „F." Der **Edle Greiff** bei Hornschuch 121. — „Fundus, solum, οὖδος (**Boden**)". Jo. Henr. Alstedii Encyclopaedia 1630 bei Wolff II 1054. — „das Fundament oder die **Tafel** [vgl. ital. tavola]". **Pater** 56. — „F., ist als das dritte Hauptstück in der Presse anzusehen. Es ist dieses entweder von Metall, oder gutem harten Holtze verfertiget, welches sehr glatt polirt seyn muß, damit kein Buchstabe in der darauf liegenden Forme weder zu hoch, noch zu niedrig beym Abdrucken erscheinen möge." **Geßner-Hager.** — **Täubel**, Deutsch-franz. u. deutsch-ital. Kunstwörterverzeichnis. — „F., auch wohl **Karrenplatte**, nennt man die in der Regel horizontal liegende und aus Gußeisen gefertigte Platte, welche zur Aufnahme der Druckform dient und daher auf ihrer obern Fläche möglichst porenfrei und eben abgerichtet sein muß." **Waldow.**

Fuß, der untere Teil der Letter, an

dem sich der Gießzapfen befindet. **Waldow.**

Fußnote s. Note 1.

Futter. 1. „F., oder Unterlage, das man unter das Fundament legt, daß es feste liegen soll, le lit [d. i. das Bett]". **Geßner**, Deutsch-franz. Kunstwörterverzeichnis. — „F., oder die elastische Unterlage" u. s. w. **Täubel**, Deutsch-franz. Kunstwörterverzeichnis.

2. „für die Maschine F. schaffen", d. h. dafür sorgen, daß sie in Thätigkeit bleiben kann.

Gabon s. Cicero.

Galgen. „G". **Goeintz**, während **Vietor, Schmatz, Thun** u. **Ernesti** in der Wiedergabe der Goeintzschen Verse „**Kalgen**" schreiben. — „Kalgen, oder vielleicht Galgen, heißt dasjenige Gestelle hinten am Laufbret, worauf der Deckel von der Presse ruhet." **Geßner-Hager.** — „der Sattel, oder Kalgen, worauf der Deckel ruht, le Chevalet du Tympan". **Geßner** u. **Täubel** in den deutsch-franz. Kunstwörterverzeichnissen. — „**Deckelstuhl** ist ein Theil der Buchdruckerpresse, auf welchem der Deckel ruht, wenn der Drucker den abgedruckten Bogen aus ihm herausnimmt und auslegt. Meistentheils nennt man den Deckelstuhl den **Kalgen (Galgen)**, weil er eine solche ⊓ Gestalt hat." **Täubel** s. v. Deckelstuhl. — Auch „**Knecht**" genannt, von **Ch. Vester**, Löbl. Buchdrucker-Kunst, Halle ca. 1670, bei **Wolf** II 498, wo es heißt: „fulcrum quoddam (**Knecht**), in quo illud [sc. operculum] cum charta innititur".

Gänseaugen, eine Art Zierraten. „Gänßaugen". **Der Edle Greiff** bei **Hornschuch** 124. — Sieh auch: Gänsefüßchen.

Gänsefüßchen. Für diese noch nicht alten Zeichen begegnet uns zuerst die lateinische Benennung „Hypopleroma" bei **Jak. Mentel** 1650 (s. Interpunktion). Die älteste deutsche Benennung ist „**Gänßaugen**", wie sie noch heute im Dänischen „gaaseoine" heißen: „Gänßaugen, oder Hyphen [s. d.], werden diejenigen zwey krummen Striche genennet, die an der Seiten derer Columnen [jetzt nur noch am Anfang und Ende des betr. Satzes] gesetzt werden, wenn ein anderer Autor allegirt wird, da dessen Worte mit solchen bezeichnet werden, man kan sie auch nehmen, wenn eine Schrift anders seyn soll, als der Text ist [jetzt nur noch bei Versen]." **Geßner-Hager.** — „Gänßaugen (oder Signum citationis) . . ." **Geßner** 372. — „**Gänß-Aeuglein**". **G. Matthiä**, Lexicon lat.-germ., Halae 1748, s. v. caesum. — „**Anführungszeichen (Citationszeichen)** . . . Wenn ein Schriftsteller ganze Stellen aus einem andern Buche anführt, oder sonst haben will, daß eine oder mehrere Stellen in seinem eigenen Werke dem Leser besser ins Auge fallen oder ihn besonders aufmerksam machen sollen . . . Einige nennen die A. auch **Gänsefüßchen** oder Gänseaugen, allein diese Benennung ist nicht überall gebräuchlich." **Täubel.** — „Gänsefüße." **Campe**, Wörterbuch, 1807. — „Gänsefüßchen oder Anführungszeichen dienen zur Hervorhebung einzelner Worte oder ganzer Sätze (Citate, Gespräche) inmitten des fortlaufenden Textes, sowie bei tabellarischem Satz als Unterführungszeichen an Stelle sich wiederholender Stichwörter." **Waldow.** — „**Hasenohr, Hasenöhrchen**". **Jacobsson**, Technolog. Wörterbuch, 1781. — „Gänsefüße oder Hasenöhrchen." **Jean Paul**, Über die deutschen Doppelwörter 1820 S. 226. — Das franz. guillemets soll von dem Erfinder Guillemet, einem franz. Gelehrten des 17. Jahrh., seinen Namen haben.

Garmond (franz.), süddeutsche Bezeichnung für den Schriftgrad „Korpus" (s. d.). „G." und „Corpus" werden gesondert angeführt von **Gveintz.** — „Garmuth". (**Harsdörffer,**) Gesprächspiele, Teil IV, Nürnberg 1644, S. 411. — „Garmond". **Redinger.** — „Proximum post Ciceronianum typorum genus Garmond vulgo appellatur, a Francisco[1] de Garamond, praestantissimo horum artifice." **Pater** 34, der aber S. 62 „Garmund" schreibt. — „Garmond". **Thun. Ernesti** 2. — „Garmond-Schrift, oder Corpus-, die Lateinische, hat ohne Zweifel ihren Nahmen von dem Erfinder Francisco[1] de Garmond." **Geßner-Hager.** — „Wird in Leipzig und sonst insgemein Corpus, in Franckfurt am Mayn aber und der Orten Garamond, geheissen". **Hübners** Natur- u. s. w. Lexicon, Leipzig (1. Aufl. 1712) 1776 s. v. Schriftgießer. — „**Garmond**". **Täubel. Waldow.**

[1] Vielmehr von dem Pariser Schriftschneider Claude Garamond († 1561).

Gasse, der im Setzersaal durch zwei Setzregalreihen gebildete Gang, in welchem die Setzer bei der Arbeit stehen. **Täubel** s. v. Ablegen u. ö. — **Waldow.**

gautschen (oberdeutsch) die nassen Papierbogen auf einem Brett pressen. („Gautscher" u. „Gautschbret" werden von **Geßner-Hager** s. v. Pappier als Kunstwörter der Papiermacher erwähnt.) In der Druckersprache versteht man unter dem G. das Einweihen eines ausgelernten Lehrlings, der von den in derselben Offizin arbeitenden Gehilfen unversehens auf einen mit Wasser getränkten großen Schwamm gesetzt wird und dem darüber häufig eine vom Prinzipal und von allen Gehilfen unterschriebene Urkunde (der **Gautschbrief**) ausgestellt wird, worauf er sich mit einem Faß Bier „verintroizieren" (s. Introitus) muß. Nach **Waldow**, der als Nebenform „**kautschen**" angiebt, wird der Schwamm auf einen Korrigierstuhl gelegt. Diesen noch jetzt, bes. in Süddeutschland üblichen Brauch bezeichnet **Wilh. Fabricius** (Die Akademische Deposition 1895 S. 65 Anm.) mit Recht als Rest der alten Deposition (s. d.).

Gebrochene s. Fraktur.

Gehrung s. v. w. Ecklinie (s. Ecke).

gelb. „[die Buchstaben] . . . bleiben gelb und bleich". **Pater** 13. — „Druckt man mit einer dünnen zu flüßigen Farbe (Schwärze); so bekommen die Buchstaben bald nach dem Drucke an allen ihren Seiten einen gelblichen Rand, oder wie die Buchdrucker zu reden pflegen:

wird der Druck gelb." **Täubel** s. v. Abkreischen. — Sieh auch: bleich.

gemein. 1. „Gemeine Corpus Fractur, G. grobe Missal Antiqua, G. grobe Canon [Antiqua]." **Thun.** (Ggs.: „Neue . . ." **Pater** 21 ff.)

2. „**Gemeines** oder **Gemeine**, Kollektiv-Bezeichnung der kleinen Buchstaben des Alphabets zum Unterschied von den Versalien und Kapitälchen". **Waldow.**

Generalsitz s. Gesellschaft.

Gescholtener hieß ein beschimpfter oder in einen Streit verwickelter Buchdruckergeselle so lange, bis die Sache vor der Gesellschaft ausgetragen war. „So er [der Buchdruckergeselle], wider Verhoffen, von iemanden beschimpfft oder durch seine gegebne zwar geringe Ursach gescholten worden, [soll er es] innerhalb 14. Tagen in der Druckerey anzeigen, oder nach Beschaffenheit der Sachen, bey einer völligen Gesellschafft unverweilt vortragen, und nicht über solche gesetzte Zeit zu stehen sich unterfangen. Da er aber Ursach darzu, und sich unschuldig befindet, das von dem Gegner gethane **Scheltwort** auf diesen wieder zurücke schieben, aber darbey nicht schelten. Neben keinem **Gescholtenen** über 14. Tage wissentlich in Arbeit stehen, sondern ihn zur Abthu- und Versöhnung des Streits anhalten, will er anders mit dem Gescholtenen nicht in Schaden gerathen, wiedrigenfals der Gescholtene, so fern die Sache anderwerts vorgegangen, einsweils ein **Scheltwort**[1], üm der Erbar- und haltenden Einigkeit willen, zu Vermeidung aller Zänckerey, **niederlegen**, und in dieser Meße die Aussöhnung dortselbsten suchen [soll]." **Werther** 25, vgl. 425. — **Geßner-Hager** s. v. Beschimpfung u. II Anhang Nr. 27.

Gesellenkranz s. Kranzjungfer.

Gesellschaft, Societät, hieß die Vereinigung aller Buchdrucker (Herren und Gesellen) eines Orts. Sie trat alle Halbjahr zu einem „**Generalsitz**" oder einer „**Session**" bei dem Ladenvater (s. d.) zusammen. Öfter bei **Werther** und **Geßner-Hager.**

gespalten. „ob die Columnen plan / oder gespalten". **Pater** 110. — „Werden die Columnen gespalten . . ." **Geßner-Hager** s. v. Columnen. — „[entweder] gespalten oder durchgehends". **Geßner** 377. — „Tabellen oder andere gespalten zu druckende Sachen". **Täubel** s. v. Abtheilen des Raumes. — „Gespaltener Satz". **Waldow.**

Gespan, Genosse, Kollege. „er verlangte seinen Drucker-Gespan". **Werther** 50. — „G., oder, nach alter Redensart **Compagnon**, ist derjenige, welcher mit einem andern an einer Presse arbeitet, da sie denn einander Wechselsweise die Arbeit erleichtern; Bey den Setzern ist es gleichfalls gebräuchlich, da

[1] Hier in der Bedeutung von Strafgeld; so auch bei **Werther** 212: „vor iedweden ein recht S. legen", 426: „ein S. bey der Gesellschafftlichen Lade niederlegen" u. 482: „ein geringerlegtes S."

ihrer zwey an einem Werck zugleich setzen, doch jeder vor sich ins besondere." **Geßner-Hager.** — „sein G., der an derselben Presse mit ihm arbeitet" und „G. (Mitarbeiter)". **Täubel** s. v. Anführen. — Sieh auch: Anführgespan.

Gevierte (Verdeutschung des lat. quadratum), Ausschließungen (s. d.), deren Querdurchschnitt ein Quadrat und dem Kegel der Schrift gleich ist. **Waldow** s. v. Ausschluß. — Früher „Ganzgevierte" genannt zum Unterschied von den „Halbgevierten" u. s. w. **Täubel** s. v. Ausschließungen. — Sieh auch: Quadrat.

Gießer s. Schriftgießer.

Gießinstrument s. Instrument.

Gießlöffel. „G., ist ein Instrument der Schriftgießer, den zerschmoltznen Zeug aus der Pfanne zu hohlen, welcher insgemein so viel in sich hält, als zum Buchstaben nöthig ist, das übrige thut man aufs Gießblech." **Geßner-Hager.** — **Täubel** v. s. Schriftgießer-Instrumente. — **Waldow.** — Bloß „**Löffel**" genannt bei (**Harsdörffer,**) Gesprächspiele, Teil IV, Nürnberg 1644, S. 409.

Gießpfanne. „G." **Täubel** s. v. Abbrechen. — Bloß „**Pfanne**" genannt bei **Geßner-Hager** s. v. Blech u. Gießlöffel.

Gießzapfen. „[Der Schriftgießer] muß die sogenannten G., die sich an den neu gegossenen Buchstaben befinden, die erst aus dem Gießinstrumente kommen, abbrechen. Diese G. werden dann gesammelt, wieder in die Gießpfanne geworfen und andere Buchstaben aus denselben gegossen." **Täubel** s. v. Abbrechen. — „**Guß** (Gießzapfen)". **Ders.** s. v. Schriftgießer-Instrumente. — **Waldow** nennt ihn bald „Gießzapfen", bald „**Gußzapfen**" oder bloß „Guß", wie ihn schon **Geßner-Hager** s. v. Abbrechen nennt. — Sieh auch: Bart.

Gießzettel. „G." **Geßner-Hager.** — „G., ist ein Verzeichniß, wie viele von einem jeden Buchstaben in (auf) irgend einen oder mehrere Centner gewöhnlich gehen." **Täubel.** — **Waldow.**

glatt. „**Glatter Satz**, aus glatt aufeinander folgenden Zeilen einer Schriftsorte, höchstens mit Unterbrechung von Titelzeilen, bestehender Satz." (Ggs.: **gemischter Satz**, der aus verschiedenen Schriften, oder aus Schrift, Zeichen, Ziffern, Tabellen u. s. w. zusammengesetzt ist.) **Waldow.** — Der Setzer spricht auch von einem „**glatten Manuskript**", worunter er ein solches versteht, das sorgfältig gearbeitet und deutlich geschrieben ist, ihm also kein Kopfzerbrechen macht.

gleich setzen s. justieren.

Gorbel s. Korbel.

Granjon, frühere Bezeichnung eines nach dem Franzosen Robert G. benannten Schriftgrades. „Grannionis Cursiv". **Hornschuch** (1. Ausg.) 39, wo es auf „Cicero Cursiv" folgt. — „Granion". **Pater** 18. — „Grannionis-Cursiv". **Joh. Jak. Strantz**, Postulatgedicht, Schleiz 1716, Anm. cc. — „Parangon-Cursiv, Tertia-Cursiv, Media-Cursiv, Cicero-Cursiv, Petit-Cursiv", alle mit dem Zusatz „de Grand-Jon" in Hübners

Natur- u. s. w. Lexicon, Leipzig (1. Aufl. 1712) 1776 s. v. Schriftgießer.

Griff. 1. die Ergreifung des Buchstabens aus dem Fach des Kastens und seine Überführung in den Winkelhaken (Aug. Marahrens, Handbuch der Typographie, Bd. I, Leipzig 1870 S. 49). „Der Setzer darff . . . / Viel kleine Fächelein / darein er manche Griffe Thut.“ Gveintz. — „Er setzet schnell drauf los, daß Ihr Euch wundern müsset, Wenn Ihr nicht seinen Griff und seinen Vortheil wisset.“ Ruhm eines Schriftsetzers bei Täubel. — „Unter einem **guten Griff** versteht man diejenige Gewandtheit des Setzers, welche es ihm ermöglicht, unter dem Aufwande geringster Kraftanstrengung das möglichst größte Resultat hinsichtlich der Anzahl der abzusetzenden Buchstaben zu erzielen.“ (Ggs.: **einen schlechten Griff haben.**) Waldow.

2. eine Anzahl gesetzter Zeilen, die mit beiden Händen aus dem Winkelhaken gehoben werden. „Ein vollgesetzter Winkelhaken ist demnach gleichbedeutend mit einem G., und der Setzer pflegt nach Winkelhaken oder Griffen zu rechnen, wenn er beispielsweise dasjenige Quantum bezeichnen will, welches er im Verhältnis zur Kolumne entweder schon gesetzt oder noch zu setzen hat.“ Waldow.

3. die vom übrigen Satze beim Ablegen abgetrennten Zeilen (Marahrens a. a. O. S. 47). Beim Ablegen setzt der Setzer den Ablegespan „an den Kopf irgend einer Columne . . . an, und drückt mit dem Zeigefinger der linken Hand einige Zeilen gleich stark in gerader Linie gegen einander zusammen, und hebt solche währendem Zusammendrücken mit beyden Zeigefingern an beyden Händen zugleich geschwind in die Höhe, und setzt also dann diesen sogenannten G., welcher aus 6, 8 bis 10, auch wohl mehreren Zeilen bestehen kann, auf die linke Hand an den Ballen derselben an, und läßt ihn auf dem Mittelfinger und den diesem folgenden Fingern der linken Hand ruhen . . . Der Setzer muß nie zu viel Zeilen auf einmahl mit dem Ablegespahn auffassen, oder nie einen zu großen oder zu schweren Griff auf die Hand nehmen . . .“ Täubel s. v. Ablegen. — „den G. aufheben, auflegen, halten“. Waldow s. v. Ablegen.

grob, zur Unterscheidung von Schriftgraden, z. B. „**Grobe Canon**“ (noch jetzt gebräuchlich) im Ggs. zu „Kleine Canon“. Hornschuch 44, der es auch in Verbindung mit einer Schriftgattung hat, nämlich „Grobe Cursiv“. — Pater 21. — Ernesti 5 ff.

Grotesque (franz.), **Steinschrift**, eine von der Egyptienne (s. d.) abstammende Schrift, die aber an Kopf und Fuß der Buchstaben keine übertretenden Teile hat. Waldow.

Guß s. Gießzapfen.

Gußbart s. Bart.

Gußkehle, ein Teil des Gießinstruments. „Guß-Kähle, wodurch der geschmoltzene Zeug gegossen wird.“

Adrian Beiers Handlungs- Kunst- Berg- und Handwercks-Lexicon, Jena 1722 s. v. Schrifftgiesser.

Gußzapfen s. Gießzapfen.

Haare zausen. „Zausen, Haare-Zausen, ist ein Kunstwort bey dem Drucker, welcher die Pferde-Haare, damit der Ballen ausgestopfet, wieder aus einander zauset, daß sie trocknen, und des andern Tages wieder können gebraucht werden . . .“ **Geßner-Hager.** — Nach **Täubel** s. v. Zausen zieht der Drucker mit dem in Baumöl getunkten Daumen und Zeigefinger die Haare auseinander.

Haarspatium s. Spatium.

Häklein s. Apostroph.

halbfett s. fett.

Halbgevierte s. Gevierte.

Handgriff, Handhabe s. Korbel.

Hasenohr, -öhrchen s. Gänsefüßchen.

Haupttitel s. Titel.

Hauptzeile s. Zeile.

Hauskorrektor, der in der Buchdruckerei selbst arbeitende Korrektor (s. d.), welcher die erste Korrektur (**Hauskorrektur**), auch wohl die Revision liest. **Waldow.**

Heber s. Lecker u. Tenakel.

Hering (wahrsch. entstellt aus franz. harangue), in Süddeutschland s. v. w. Verweis, Zurechtweisung, die der Buchdrucker von dem Vorgesetzten erhält.

Herzröslein s. Röschen.

Himham. „Imham, oder Anschlag, bestehet aus einem Riemen, welchen der Drucker mit dem Fuß berühret, damit das daran ruhende Rähmgen herunter falle.“ **Geßner-Hager.** — „Himmhamm“. **Geßner,** Deutsch-franz. Kunstwörterverzeichnis. — **Täubel** unterscheidet „Anschlag“ und „Himham“; von ersterem sagt er: „A. ist ein gerade gehobeltes kleines Bretchen oder Stückchen Holz, . . . an welches das Deckelrähmchen, wenn solches der Drucker nach geschehenem Abdrucke aufmacht, anschlägt; es ist gerade da am Himham befestigt, wo es anschlagen muß, damit der Drucker durch den Fußtritt unten auf den Himham, ehe er das Rähmchen wieder zuschlägt, es durch eine Schnellung damit erheben hilft.“ — „Himham, an der alten Holzpresse ein an der Zimmerdecke befestigter, in einer auf dem Fußboden angebrachten Schuhsohle endigender Strick, dessen Zweck darin bestand, das Rähmchen vor dem Hintenüberfallen zu schützen, sowie dasselbe zum Niederfallen zu bewegen.“ **Waldow,** der auch „Imham“ hat.

hinken, sich unkorrekt benehmen, bes. in Bezug auf die Druckergebräuche. „ihr [der Gesellen] Hincken bey der Kunst“. **Anmerkungen zu Werther** 84.

Hinstellung s. Hofrecht.

Hinterstrich s. Apostroph.

Hochzeit. „Hochzeit machen, heißt in Buchdruckereyen, wenn ein Setzer auf einer Columne etwas doppelt gesetzet hat.“ **Geßner-Hager.** — „eine Hochzeit, oder wenn man ein Wort oder Zeile zuviel setzt, les mots doubles“. **Geßner,** Deutsch-franz. Kunstwörterverzeichnis. — „H.“ **Täubel.** — „. . . So läßt sich auch die typographische H. von der thatsächlichen herleiten, weil sie ein Ausbringen [s. d.], eine Erweiterung notwendig im Gefolge hat und haben muß." Aug. Marahrens, Handbuch der Typographie, Bd. I, Leipzig 1870 S. 126. — „H". Waldow.

Hofrecht. „auf Hofrecht stehen". Werther 64 (aus dem Jahre 1683) u. ö. Bei ihm findet sich nur einmal (S. 245) die Schreibung „Hoffrecht", welche dagegen die Anmerkungen zu Werther ausschließlich haben. — „Hoferecht, ist auf Hofnung Leben, da man einem die ersten 14. Tag lang einige Unordnungen nachsieht, oder von dem ordentlichen Recht etwas nachläßt. Bey Druckereyen ist es eine gewisse Strafe, welche einem wegen ungebührlicher Aufführung zugesprochen wird." Geßner-Hager I. — „Hofrecht, ist wenn ein Kunstverwandter etwas wider die Kunst verbrochen, dasselbige aber nicht erkennen will, sondern sich noch darzu hartnäckigt erzeigt, keinen Vergleich achtet, viel weniger annimmt, ja überdieß noch schimpfet und schmähet, und sich dergestalt auf das aller unkunstbräuchlichste aufführet, so wird einem solchen zwar die Arbeit nicht verbothen, sondern er wird auf Hofrecht gestellt, d. i. er genießet die Druckerey-Vortheil nicht, wie ein anderer Gesell, er muß auch die Zusammenkünfte meiden, jedoch wenn einer zum Gesellen gemacht wird, kan er Ehrenhalber zur Mahlzeit mit eingeladen werden, sonst aber bey andern Cerimonien muß er sich gantz absondern; Es gehet auch ein anderer Kunstverwandter mit einem solchen nicht gerne um, biß seine Sache gebräuchlich, und Kunst gebräuchlich verglichen ist..." Geßner-Hager II, welcher diese Erklärung einem von Werther 443 f. angeführten Wittenberger Attestat entnommen hat. In Jena unterschied man, den Anmerkungen zu Werther 55 zufolge, „das Hoff-Recht" und „das Sohin stellen", (während in einem von Werther 442 angeführten Erfurter Attestat „Hofrecht" und „Hinstellung" als identisch erscheinen). Das erstere war der schwerere Grad: „Ist eine Straffe für diejenigen Kunst-Verwandten, welche sich zwar mit groben Lastern an GOtt und den Nechsten versündiget, sich aber darinnen so weit nicht vertieffet haben, daß sie würcklich unter des Scharffrichters Hände gerathen wären, oder sonsten einen öffentlichen Schimpff davon getragen hätten [in welchem Falle die Strafe der Exklusion über sie verhängt worden wäre]; Sondern solche ihre Fehle beyzeiten hertzlich bereuen, und zu bessern gewisse Zusage thun. Diesemnach ist ein solcher Mensch wohl befugt sein Brodt, neben andern tüchtigen und richtigen Kunstverwandten, zu verdienen; Aber, weilen er seine Ehre . . . selber nicht geachtet, ist er nicht mehr würdig, denen Kunstbräuchlichen Exercitiis mit beyzuwohnen, oder sonsten einigen Genuß, so in a parten Vortheilen 2c. und nicht im Arbeiter-Lohn bestehet, mit zu empfangen . . .; Jedoch kan er, durch würckliche Besserung und gute Aufführung

. . . auch wohl in etwas, wo nicht gäntzliche Relaxation von seinem schlechten Zustande erlangen." Dahingegen ist das **Sohinstellen** „eine Bezeugung einer Gesellschafft gegen Persohnen, so auf der Kunst sich zwar nähren, oder derselben sich rühmen, aber Leute sind, welche derer Gesellschafften ihren gerecht- und Kunstmäßigen Schlüssen, als Haberechte, trotziglich widerstreben; Ihr gethanes Versprechen, wie tüchtigen Kunst-Gliedern zustehet, nicht halten; Oder sonsten der Gesellschafft in Straffe verfallen, und die an-dictirte Straffe, ihrer Liederlich- oder Halsstarrigkeit wegen, entweder nicht erlegen können noch wollen; Oder auch, welche etwas, aus Dummheit, einer gantzen Gesellschafft zu wider gehandelt haben." Ihnen wird ebenfalls „aller Zutritt zu denen Kunst-üblichen Exercitiis, als Straffe- und Schlüssemachen, . . . untersaget"; jedoch „mit der Zutheil- oder Entziehung des Vortheils, in diesem Gradu, kommt es auf die Grösse des Verbrechens und Gesellschafftliche Disposition an". — „Hof-Recht, auf Hof-Recht stehen, Lat. More aulico, simulata amicitia, das ist, mit einander freundlich umgehen, jedoch daß es demselben an seinem habenden Rechte wegen etwa vorgefallener Injurien oder anderer Zwistigkeit und Anspruch nicht präjudicirlich falle." **Hübners Neu-vermehrtes u. verbessertes Reales Staats- Zeitungs- und Conversations-Lexicon, Regenspurg** 1748 S. 517. — Die Ableitung von „hoffen", statt der von „Hof" (lat. aula), ist zu verwerfen und deshalb nicht mehr „Hoffrecht" zu schreiben.

hohe Buchstaben. „B., die hohen, kleinen, damit man die Noten bezeichnet, les lettrines". **Geßner,** Deutsch-franz. Kunstwörterverzeichnis. — „B., die hohen, oder die kleinen B., welche höher im Guß zugerichtet und im Satz bey Wörtern gebraucht werden, die abgekürzt sind [bes. im Französischen, z. B. Mme = Madame], oder womit im Texte Anmerkungen angezeigt werden, die unter den Seiten stehen" u. s. w. **Täubel,** Deutsch-franz. Kunstwörterverzeichnis. — **Waldow** spricht von **hochstehenden** Ziffern und Buchstaben.

holländischer Rahmen s. Keilrahme.

holländisches Schloß s. Büchse.

Holztrommel s. Trommel.

Homperilla s. Nonpareille.

horrierter Buchstabe (entstellt aus „honoriert"? — vgl. ital. orrevole, zsgez. aus onorevole). „B., Horirter, zierliche Einfassung oder Cartouche derselben. Also nennet man die zierlichen Anfangsbuchstaben bey einem Wercke, Abtheilung, oder Capitels desselben . . ." **Geßner-Hager** s. v. Buchstabe. — „die horrirten Buchstaben." **Ders.** IV, Vorrede § 1. — „Horirte B." **Geßner** 350. 372. 375.

Hose heißt derjenige Satz, welcher infolge einer daneben stehenden Abbildung kürzere Zeilen hat.

Hudelei, hudeln, Hudler. „Befleiß dich auch ohn alle schew Der Hudley võ Fuchsschwäntzerey", heißt es in der verkehrten Anweisung, die der zum Gesellen gemachte Kornut zum

Schlusse erhält, im Depositionsspiel v. 1621 (Gaebertz in den Akad. Blättern 445). — „einer Hudeley und Büberey aufhelffen". Werther 26. — „solche Stümpeley und Hudeley befördern helffen". Ders. 27. — „in einer Hudeley gelernet haben". Ders. 39. — „so ist ihme zwar die Buchdruckerey gelassen, aber unter die Hudeleyen gerechnet". Ders. 57. — „Hudler". Ders. 88. — „Hudlers-Vater". Ders. 96. — „Hudlers-Geselle". Ders. 392. — „Hudler und Sudler". Ders. 170. — „alle Hudeley- und Winckel-Buchdruckereyen". Ders. 314. — „eine sogenannte Hudeley, oder wie es in denen Reichs-Abschieden genennet wird, Winckel-Druckerey". Ders. 348 f. — „Pfuscher, oder H., ist ein ungeschickter Mensch, der seine Kunst nicht ordentlich und bey einem rechtmäßigen Herrn erlernet, und die gesetzten Jahre gebührend ausgestanden hat. Oder, ein solcher Mensch, der sich den gehörigen Ordnungen und Gebräuchen bey Profeßionen nicht unterwürfig machen will." **Geßner-Hager** s. v. Pfuscher. — „hudeln" u. „Hudler" sowie „Pfuscher" u. „Sudler s. Hudler" in **Geßners** u. **Täubels** deutsch-ital. Kunstwörterverzeichnissen. — „Hudeley" u. „Hudler" werden unter den wenigen Buchdruckerkunstwörtern in **Hübners** Natur- u. s. w. Lexicon, Leipzig (1. Aufl. 1712) 1776 s. v. Buchdruckerkunst angeführt.

Hurenkind. „Hurkind, nennt der Setzer den Fehler, wenn er eine letzte halbe oder keine volle Zeile von einem Ausgange auf die folgende Columne oben an setzt, oder nur eine einzige Zeile von einem neuen Absatze noch unten zuletzt mit an die Columne nimmt." **Täubel.** — Den letzteren Fall (eine Alinea am Fuße einer Kolumne) nennt man jetzt mit einem weniger derben Ausdruck „Schuster". — „H. oder Hurkind, eine Ausgangszeile, welche den Anfang einer Kolumne bildet." **Waldow.** — Wie das H. nach dem kanonischen Recht keinen Vater besitzt, so steht die eine Zeile am Anfang der Kolumne zusammenhanglos da.

Hut s. Dächelchen u. Kornutenhut.

Hüter s. Kustos.

Hyphen (griech., „in eins"), die neulat., ins Englische übergegangene Benennung für den Bindestrich sowie das Trennungszeichen, und wegen dessen Ähnlichkeit mit den Gänsefüßchen — oder weil die Gänsefüßchen das Citat „in eins" d. i. zusammen fassen, als etwas Zusammengehöriges kennzeichnen? — auch wohl für diese. Wenigstens hat **Geßner-Hager** „Gänßaugen, oder Hyphen". Dagegen spricht **Geßner** 372 nur von den „Gänßaugen (oder Signum citationis)" und führt S. 394 folgendes an: „Hyphen ‿ eine grammaticalische Figur hänget mit einem Strich zwey Wörter zusammen, als ob sie componirt wären, als Qui-cunque ante-malorum."

Imham s. Himham.

Imperial (franz., ‚Kaiser'-Schrift), ein Schriftgrad von 150 Punkten, der größte unter den „Teutschen Schrifften" bei **Ernesti** 3, desgl.

in Antiqua bei **Geßner.** Auch von **Waldow** erwähnt.

imprimatur (lat., ‚es werde gedruckt'), „ehemals das Signum des Büchercensors auf den zum Drucke zulässigen Manuskripten; auch jetzt noch üblich als Bezeichnung des Autors oder Revisors auf der letzten Korrektur oder Revision, besagend, daß der betreffende Bogen druckfertig ist." **Waldow.**

Index (lat., ‚Anzeiger'), Register, alphabetisches Verzeichnis der in einem Werke vorkommenden Namen und Sachen; es steht gewöhnlich am Ende des Werkes. „I." **Geßner** 379.

Inhalt, Inhaltsverzeichnis, Überblick über den Inhalt eines Werkes nach der Einteilung desselben. **Vietor.** — „Conspectus oder Innhalt, ist diejenige Abhandlung, wodurch den Leser alles ins Gesicht fällt, was in gantzen Wercke enthalten, und wird gemeiniglich nach der Vorrede gesetzt." **Geßner** 379. — „J." **Táubel. Waldow.**

Initiale (lat., ‚Anfangs'-Buchstabe). „Initialen sind alle diejenigen Anfangsbuchstaben der Kapitel, Abschnitte oder Abteilungen eines Buches, die bezüglich ihrer Höhe, ihres Umfanges und häufig auch ihres Charakters anders gestaltet sind als die Textschrift und welche, je nachdem sie einfach gehalten oder aber verziert und reich ornamentiert sind, als ein illustrativer Schmuck betrachtet werden können." **Waldow.** — Vgl.: **K. Faulmann**, Die J. Ein Beitrag zur Geschichte der Bücher-Ornamentik. Wien 1887.

Inspektor s. Faktor.

Instrument (lat.). „J." **Der Edle Greiff** bei Hornschuch 119. — „J., wird insgemein ein jeder Werckzeug genennet, durch dessen Hülffe etwas ausgerichtet wird. Bey den Schriftgießern wird dasjenige das J. genannt, worein der Buchstabe gegossen wird . . ." **Geßner-Hager.** — „J." **Hübners** Natur- u. s. w. Lexicon, Leipzig (1. Aufl. 1712) 1776 s. v. Schriftgießer. — „Das vorzüglichste und wichtigste Werkzeug des Schriftgießers, das **Gießinstrument**, welches die Schriftgießer schlechtweg auch nur das J. nennen." **Táubel** s. v. Schriftgießer-Instrumente. — **Waldow** hat nur „Gießinstrument".

Interpunktion (lat.). Für dieses Wort waren in der Druckersprache bis vor kurzem andere Benennungen üblich. **Hornschuch** spricht S. 17 von „Distinction", und S. 18 heißt es: „jede Art der Distinctionum / vnd **Vnterscheidungen**" (dort werden genannt: „Comma, Colon, Semicolon, Punct, Interrogatio, Exclamatio, Admiratio"), ferner S. 36: „die puncta distinctionis, oder Vnterscheidungspunct". — Bei (**Harsdörffer,**) Gesprächspiele, Teil IV, Nürnberg 1644, S. 412 finden sich beisammen: „Beystrichlein / Strichpünctlein ; Doppelpuncte : Punct . Mittelstrichlein - Hinterstrich oder Häcklein ' Fragzeichen ? Verwunderungszeichen ! Einschluß ( )." — **Jak. Mentel** spricht in seiner Schrift „de vera typographiae origine paraenesis", Parisiis 1650 p. 36 (bei Wolf II 279) von „Notis, seu ut quidam [Rivius] ait, Respirationum morulis undecim, puncto videlicet suspensivo / in cujus locum substituitur nunc Virgula, Puncto gemino : Semipuncto ; Hypoplero-mate „ Commate , Colo : Periodo[1] . Interrogativo ? Responsivo ¿ Admirativo ! & Parenthesi ( )." — **Geßner-Hager** hat das Stichwort „**Unterscheidungszeichen**, Lat. Signa distinctionis", und führt an: „Punctum, Semicolon, Colon, Comma, Signum interrogandi, Signum exclamandi." — **Täubel** hat den Hinweis: „**Distinctionszeichen**, s. Unterscheidungszeichen", bringt aber dieses Stichwort nicht. — **Waldow** hat „Interpunktionen oder Lesezeichen" und rechnet zu ihnen auch Apostroph, Divis, Gänsefüßchen, Gedankenstrich und Notenzeichen (Note = Anmerkung). — Sieh auch: Punktur 2.

Introitus (lat., ‚Eintritts'-Geld). „J." **Kurf. sächs. Buchdr.-Ordng.** 1606 bei Werther 15. — „J., wird in Buchdruckereyen eine alte Gewohnheit genennet, wenn ein Gesell von einem Herrn angenommen wird, so giebt er durch Erlegung eines gewissen Geldes in der Officin seinen Nebengesellen zu erkennen, daß er nichts verfängliches auf sich sitzen hat: Wiedrigenfalls wird solches von ihm nicht angenommen. Es wird auch **introduciren** [lat., ‚einführen'] genennet." **Geßner-Hager.** Vgl. **Werther** 271. 307. 312. — **Waldow** schreibt „Introitum", erwähnt übrigens auch s. v. Buchdrucker die Redensart: „sie verintroduzierten sich", wofür man jetzt wohl meist „verintroizieren" sagt.

Italique s. Kursiv.

Jungfer, Jungfrau. 1. frühere Benennung für den Schriftgrad „Petit" (s. d.). „Jungfraw". **Hornschuch** 42. 47 (in der 1. Ausg.: „Jungfraw schrifftlein"). — „Anfängt die Jungfer-Schrifft." **Gveintz**, der gesondert davon „Petit" anführt, wie auch beide in der **Vergleichg. d. menschl. Lebens mit d. Buchdr. b.** Ernesti gesondert angeführt werden. In letzterem Gedichte heißt es: „Es rühmt sich mancher zwar mit reiner Jungfer-Schrifft." — „Jungfer". **Harsdörffer** 1644. **Gütner** 1661. **Thun. Ernesti** 2. — „Jungfernschrift." **Hübners** Natur- u. s. w. Lexicon, Leipzig (1. Aufl. 1712) 1776 s. v. Schriftgießer, wo sie aber als eine andere Benennung für „Mignon-Antiqua und Cursiv" und zwar zwischen Petit und Nonpareille aufgeführt wird. — „Jungferschrift." **Täubel** II, Anhang. — „Jungfernschrift". **Waldow.**

2. s. v. w. eine fehlerfrei gesetzte Kolumne. **Waldow**, Nachtrag.

justieren (lat.). „j." **Der Edle Greiff** bei Hornschuch 119. — Verdeutscht durch „gleich setzen" bei (**Harsdörffer**,) Gesprächspiele, Teil IV, Nürnberg 1644, S. 412. — „Justiren, heißen die Schriftgießer diejenige Handlung, da sie die Buch-

[1] In der englischen Druckersprache noch jetzt period = Punkt. — Vgl. **Geßner-Hager**: „**Periodus**, ist ein Stück der Rede, welches einen vollkommenen Verstand hat, und mit einem **Punct** beschlossen wird, anzuzeigen, daß man daselbst ein wenig innen halten solle."

staben richtig, gleich und eben machen." **Geßner-Hager** I. — „**Justorium**, ein Instrument bey den Schriftgießern, worein er etliche Buchstaben setzt, und das Besehe-Blech zur Hand nimmt, und betrachtet, desselben Kegel ob sie gleiche Höhe haben oder ob die Buchstaben ausser der Linie stehen, damit in Guß nicht einer niedrig, der andere hoch stehet. Dieses heißen sie alsdenn justiren." **Geßner-Hager** II. — „eine Columne vergleichen, aggiustar' una Colonna". **Geßner**, Deutsch-ital. Kunstwörterverzeichnis s. v. Richten. — „Justiren, ein Setzer-Ausdruck: die gesetzte Columne genau so lang machen als sie seyn soll . . . überhaupt die Columnen nach Vorschrift des Columnenmaaßes formiren, abzählen oder abmessen, und die Zwischenräume, welche zwischen die Rubriken, Anmerkungen und Zeilen kommen, durchaus zweckmäßig und möglichst gleich eintheilen." **Täubel**. — „**Justorium**." Ders. s. v. Schriftgießer-Instrumente. — **Waldow** unterscheidet das J. der Matern für Schriftguß, das J. des Satzes, bes. der Kolumnen und das J. der Holzschnitte bezw. Illustrationsplatten in der Form; er hat auch „Justorium".

Kalgen s. Galgen.

Kanon (lat., aus dem Griech.), ein zwischen Missal und Doppelmittel liegender, in grobe und kleine K. unterschiedener Schriftgrad von 48 bezw. 36 Punkten, mit welchem zuerst die Meßkanons gedruckt sind. „**Canon**". **Hornschuch** 44. 48. — „C. der Bücher Tittel." **Gveintz**. — „C." (**Harsdörffer**.) Gesprächspiele, Teil IV, Nürnberg 1644, S. 410. **Redinger**. — „Doch wo ihn GOttes Recht mit seiner Schärffe trifft, / so läst die Heiligkeit nur grobe Canon blicken." **Vergleichg. d. menschl. Lebens mit d. Buchdr.** d. Ernesti. — „C." **Thun. Ernesti** 2. **Geßner-Hager** I 2) 148. **Täubel**. — „K." **Waldow**.

Kanzleischrift, früher s. v. w. Kurrentschrift (s. d.); — jetzt eine Abart der gotischen Schriften in verschiedenen Schnitten (**Waldow**).

Kapital (lat.), **Kapitalsteg**. „Capital, wird bey Buchdruckereyen dasjenige genennet, so der Drucker bey Zurichtung einer Forme oben [**am obern Kapitale**] und an den Tiegel [**beym Kapital linkerhand unter dem Tiegel**] anlegt. Es bestehet selbiges aus 1. oder 2. Stegen . . ." **Geßner-Hager**. (Die in eckigen Klammern beigefügten Benennungen giebt **Täubel** s. v. Drucken.) — „Die Anlegestege, welche in der Forme zwischen die obern Columnen und die Rahmenstange angelegt werden, heißen obere **Kapitalstege**." **Täubel** s. v. Stege. — „Kapitalstege". **Waldow** s. v. Formatmachen.

Kapitälchen (lat.). „aliae [maiores literae] vero sunt aequialtae cum minusculis eiusdem generis, et dicuntur Capitales, **Capitälgen**: quod capita et initia sint in nominibus propriis, aliisque substantivis rerum notabilium." **Pater** 17. — „Capitalbuchstaben, Capitälgen, heißen diejenigen grossen Lateinischen

Buchstaben, welcher man sich beym Anfang derer Nominum propriorum und Substantiuorum in dem Text bedienet." **Geßner-Hager.** — „Die erste und größte unter allen [Schriften], die zu Titeln und zum Anfange eines Buchs, Capitels oder Rede gebraucht wird, nennet man Capitalia." **Hübners** Natur- u. s. w. Lexicon, Leipzig (1. Aufl. 1712) 1776 s. v. Schriftgießer. — „Die Gewohnheit, in einem lateinischen Werke die ersten Wörter eines neuen Absatzes im Texte mit Anfangsbuchstaben oder mit sogenannten **Capitälchen** zu setzen, ist bey dem Teutschen nicht üblich. . . . Hingegen der Gebrauch der **Versalien** im Lateinischen, . . . überhaupt in solchen Sprachen, die mit lateinischen Lettern gedruckt werden, bey Zeilen oder Wörtern, die im Drucke mehr als die andern ins Auge fallen sollen, ist in Teutschland auch noch üblich und regelmäßig; z. B. Beym Satz der Ueberschriften (Rubriken), Columnentiteln, und überhaupt bey Haupt- und Schmuztiteln u. dgl. bedient man sich oft lauter Versalien, oder auch der **Capitälchen**, . . . die, in Ansehung ihrer Gestalt, von den Versalien gar nicht unterschieden sind, nur daß sie nach einem kleinern Maaßstabe geschnitten oder kleiner sind, als die zu derselben Schrift-Gattung gehörigen Versalien." **Täubel** s. v. Anfangsbuchstaben. — „K., kleinere Antiqua-Versalien." **Waldow.**

Karren. „Karn". **Gveintz.** — **Ch. Vester**, Löbl. Buchdrucker-Kunst, Halle ca. 1670, bei Wolf II 498. — „Karren". **Vergleichg. d. menschl. Lebens mit d. Buchdr.** bei Ernesti. — „**Schieb-Karren**, oder **Kasten**". **Pater** 14. — „Schieb-Kasten". Ders. 56. — „Karn, ist ein viereckigter Kasten, welcher sich auf dem sogenannten Laufbret befindet, worinnen das Fundament liegt." **Geßner-Hager.** — „Kasten, der gantze des Karrens, darinnen eigentlich die Forme liegt, le chassis du Coffre." **Geßner**, Deutsch-franz. Kunstwörterverzeichnis. — „Karren". **Hübners** Natur- u. s. w. Lexicon, Leipzig (1. Aufl. 1712) 1776 s. v. Buchdruckerkunst. — „wenn der Karn mit der Forme vom Drucker in die Presse hinein unter den Tiegel geschoben (**gefahren**) wird". **Täubel** s. v. Abziehen. — „Der Karn wird **gefahren**". Ders. s. v. Drucker-Instrumente. — „mit dem Karne zu weit hinein oder fehlfahren, oder, wie der Drucker zu reden pflegt: **verfahren**". Ders. s. v. Anführen (einen Druckerlehrling). — Dafür gebrauchte man früher einen derben Ausdruck: „Der Gorbel wird den Karn, wenn wohl geschmiert, wohl treiben. Doch muß das Laufbret auch gehörig stehen bleiben; Weil man sonst, wie man spricht, den Karn in **Koth verschiebt**, Und halb den Druck nur schön und halb verblichen giebt." **H. A. Wildenhayn**, Ehrengedicht, bei Geßner, Anhang S. 84 f. — Dichterische (?) Benennung: „Es wird auch dem **Rolle-Wagen** Nichts zu drucken abgeschlagen". Aus einem Gedicht im Jubilaeum Typogr. Lips. 1640.

Karrenplatte s. Fundament.

Käßgen. „K., ist vermuthlich so viel,

als Casus, ein Fall. Ein K. machen, heißt man in Druckereyen, wenn sich ein Gesell mit ungebührlichen Worten vergangen hat." **Geßner-Hager.** -- Auch bei **Geßner** im deutsch-ital. Kunstwörterverzeichnis s. v. Fall (Zufall, ital. caso) mit der Erklärung: „wenn einer was aus Unbedachtsamkeit redete"; damals war es schon nicht mehr gebräuchlich, was der Zusatz „hieß ehedessen bey uns" beweist. — Die Ableitung von casus ist zu verwerfen; wahrsch. stammt das Wort von Käse = Quark d. i. Geschwätz.

Kasten. 1. „Kasten". **Kurf. sächs. Buchdr.-Ordng.** 1606 bei Werther 15. — „Kast". Jo. Henr. Alstedii Encyclopaedia 1630 bei Wolf II 1054. — „Kasten." **Der Edle Greiff** bei Hornschuch 120. **Redinger** 63. – „**Schrifft-Kasten**". **Pater** 12. — „K., deren hat man in Druckereyen vielerley, worinnen so wohl teutsche und lateinische, als auch orientalische Schriften in besondern Fächern liegen. Ein jedes Fach ist mit einem Buchstaben bezeichnet, welchen es aufbehält." **Geßner-Hager**, der ihn auch „**Setzerkasten**" nennt, z. B. s. v. Regal. — „Schriftkasten". **Täubel** s. v. Setzer-Instrumente u. ö. — „**Setzkasten**". **Ders.** s. v. Defectkasten. — „K., Setzkasten, Schriftkasten". **Waldow.**

2. s. Karren.

Kaute (eigtl. s. v. w. Grube, Loch). „. . . ist Kunstgebräuchlich, daß er nachgehends, als der Frevel lautbar worden, üm seines Verschweigens willen, die dabey gewesene Kunstverwandten **aus der** bey Druckerey von Alters her sogenannten **Kaute heben**, und vor iedweden wenigstens ein recht Scheltwort legen müssen". **Werther** 212 (aus dem J. 1706). — „. . . und wolte man darauf sehen, daß er einen jeden hätte sollen aus der Kaute heben, so würde es 5. Thlr. getragen haben, indem 10. Personen dabey gewesen." **Ders.** 216.

kautschen s. gautschen.

Kegel (Täubel schreibt: **Kögel**), der Buchstabenkörper. „Diese [Matrizen] alle sind auf sonderen **Kegelen** / dardurch sie gleich gesetzet werden." (**Harsdörffer**,) Gesprächspiele, Teil IV, Nürnberg 1644, S. 412. — „ad statam altitudinem latitudinemque, nach der Höhe und dem Kegel". **Pater** 12. — „die Cicero auf Mittel-Kegel gegossen". **Ders.** 107. — „Schrifft-Kegel". **Thun.** — „Kegel". **Ernesti** 2. — „Kleine Cicero, auf grobe Mittel Kegel". **Ders.** 8. — „K., ist die Höhe [?] einer Schrift, oder der Lettern. Also sagt man: die Schrift hat einen gleichen, oder ungleichen K., d. i. die Lettern haben einerley Höhe, oder nicht." **Geßner-Hager.** — „K. und Höhe (latitudo et longitudo)". **Hübners** Natur- u. s. w. Lexicon, Leipzig (1. Aufl. 1712) 1776 s. v. Schriftgießer. — „Die Körper, worauf sie [die Schriften] gegossen stehen, nennet man Kegel, die nach Proportion der Schrift breit oder schmal sind. u. muß eine jede Schrift auf einen besondern Kegel gegossen werden." Ebenda. — „Schriftkögel, nennt man die verschiedenen Stärken oder Dicken der Körper der Buchstaben . . . Die Kögel weichen in manchen Orten und in manchen Buchdruckereyen nicht so sehr von einander ab, als die Höhen der Littern." **Täubel.** — „sich die Schriften auf einen höhern oder stärkern Kögel gießen lassen". **Ders.** s. v. Durchschießen. — „Schriftkegel, die Stärke der Typen in der Richtung des Buchstabenbildes". **Waldow**, der auch „Kegel" hat.

Keil. „K." **Gveintz.** — „K., sind kleine Stücken Holtz, welche bey nahe viereckigt sind, womit der Drucker seine Forme in der Presse feste macht, daß solche nicht fortgehet, oder fortrücket." **Geßner-Hager.** — „Keile". **Täubel**, der auch den **Keilkasten** erwähnt, worin die K. liegen. — „K., Keilsteg". **Waldow.**

Keilrahme. „Rahme, Keil-Rahme, ein länglicht Quadrat theils mit, theils ohne Mittelstege, in welche gleichfalls die Columnen eingesetzt und an statt, da unsere Art Schrauben führt, so hat diese keine, sondern die Columnen werden mit schiefen Keilen, oder Stegen, zusammen getrieben und zum einheben befestiget. Sie sind mehrentheils in Holland gebräuchlich . . ." **Geßner-Hager**, der auch „**Holländischer Rahmen**" hat. — „K." **Täubel.** — **Waldow** verweist auf „Schließrahme".

Kern, Teil des Instrumentes, durch welchen der Kegel gebildet wird. **Täubel** s. v. Schriftgießer-Instrumente. — „Kerne". **Waldow.**

Kernmaß, ein Werkzeug in Form einer mit Maßstab versehenen Nadel, das dazu dient, die Kerne (s. d.) zu stellen und die Tiefe des Stempeleinschlages in der Matrize zu messen. **Geßner-Hager. Täubel. Waldow.**

Kettenleiste s. Leiste.

Klammer, „Clammern, sind zweyerley Art. 1. werden sie in gegossenen Schriften gebraucht, wenn ich eine Sache, so ich in einer Rede als einen Uberfluß melde, die Sache deutlicher zu machen, mit selbigen einschliesse, ingleichen bey genealogischen Tabellen; 2. von Eisen geschmiedet, welche unten am Laufbret der Presse bevestiget sind." **Geßner-Hager.** — Ad 1: „Klammern [ ] oder auch ⏟ les crochets". **Geßner**, Deutsch-franz. Kunstwörterverzeichnis. — Sieh auch: Accolade, u. Parenthese. — Ad 2: „**Schienen**, die kurtzen, oder Klammern, unterm Karne, les Pates". **Geßner**, Deutsch-franz. Kunstwörterverzeichnis. — „die Klammern, die auf den Schienen laufen . . . ." **Täubel** ebd. — „Klammer am Laufbret". **Ders.** I, Anhang.

klappern. „ . . . . daß nach dem Schließen der abzuziehenden Formen da und dort etwas locker ist, oder, wie die Buchdrucker reden, noch **klappert**". **Täubel** s. v. Abziehen.

kleben. „Mein form die klebt so harte, / macht sie ist nit genetzt", sagt der Setzer in **Jörg Buschs** Lied aus dem 16. Jahrh. (bei Osk. Schade, Deutsche Handwerkslieder, Lpz. 1865, S. 25). Vgl. **Geßner** 164.

Klopfholz. „Klopffholtz". **Gveintz.** — „Klopfholtz, ist ein länglicht viereckigtes Stück Holtz, welches so wohl die Setzer, als Drucker brauchen, auf die Formen zu legen, wenn sie die Littern gleich schlagen wollen." **Geßner-Hager.** — „Des Klopfholzs lüstrer Thon mußt einen Dreyschlag singen." **Festgedicht der Bamberger Buchdrucker** (zum Namenstage des

Fürstbischofs Franz Konrad) 1754. — „K." **Täubel** s. v. Setzer-Instrumente. **Waldow** s. v. Klopfen.

Knecht. 1. eine Person in den Depositionsspielen (s. Deposition). — 2. s. Galgen.

kollationieren (lat.), vergleichen. „Collationiren, ist in Buchdruckereyen diejenige Handlung, wenn man ein abgedrucktes Werck Bogenweiß durchsiehet, um zu erfahren ob es richtig, dergestalt, daß weder ein Bogen zu viel, noch zu wenig." **Geßner-Hager. Täubel. Waldow.**

Kölnische Antiqua, frühere Benennung eines Schriftgrades. „Cölnische Antiqva". **Hornschuch** 41, wo sie zwischen „Roman A." u. „Tertia A." steht, also entw. Text od. Parangon. — „Cöllnisch-Antiqua" als zweitgrößter Schriftgrad in A. **J. J. Strantz**, Postulatgedicht, Schleiz 1716.

Kolon (lat., aus dem Griech.) s. Interpunktion.

Kolonel (franz.), ein zwischen Petit und Nonpareille liegender Schriftgrad von 7 Punkten. „C." **Pater** 57. **Ernesti** 2. — „Colonel Antiqua, und Cursiv, zwischen dieser Schrift und Nonparel ist ein kleiner Unterschied. Die Autores Classici in Amsterdam sind meistens damit gedruckt." **Geßner-Hager.** — „Colonell". **Täubel** s. v. Schriften. — „K." **Waldow.** — Sieh auch: Mignon.

Kolonne (franz.) s. Spalte.

Kolumne (lat., ‚Säule'). „Columnen oder Seiten". **Hornschuch** 11. — „Columnen". **Gveintz.** — „Colümlein" [bei kleinen Formaten]. **Vietor.** — „Columnen, heisen die Seiten der Blätter; Nachdem nun ein Bogen in Octav, Quart, oder Folio gedruckt wird; So hat er viel, oder wenig, Columnen." **Geßner-Hager.** — „Columne, heißt bey den Buchdruckern so viel, als: Seite." **Täubel.** — „K." **Waldow.**

Kolumnenmaß. „C., ist ein aus Eisen oder Holtz bestehendes Instrument, die Columnen in kleinen und grossen Formaten zu accurater Länge zu bringen." **Geßner-Hager.** — „C., ein hölzerner Steg" u. s. w. **Täubel.** — „K." **Waldow.**

Kolumnenschnur. „Bindfaden oder sogenannte C." **Geßner-Hager** s. v. Schiff. — „C., nennt der Schriftsetzer die Stücken von Bindfaden, womit er die fertig gesetzten und im Schiffe stehenden Columnen fest ausbindet [s. d.]." **Täubel.** — „K." **Waldow.**

Kolumnentitel. „Col.Titul". **Ernesti** 125. — „Columnen-Titul". **Geßner-Hager** s. v. Creutzsteg u. Rößgen. — „C., werden die Ueberschriften oben über die Seiten im Drucke genannt." **Täubel.** — „K., entweder ‚tot', wenn er nur die Seitenzahl enthält, oder ‚lebend', wenn er außer der seitlich angebrachten Ziffer noch in der Mitte einen kurzen Inhaltsnachweis über das Kapitel, dem die Seite angehört, oder über die Seite selbst enthält." **Waldow.**

Kolumnenziffer. „Columnen-Ziffer". **Redinger**, Titel. — „C.-Zieffer". **Ders.** 67. — „Tafeln / worinnen man jeden Bogens erste C.-Ziffer gleich finden kan". **Schmatz** 85. — „C.-Zieffer, ist diejenige Zahl, die eine jede Columne bekommt, und durch ein gantzes Werck hindurch gehet." **Geßner-Hager.** — „K." **Waldow.**

Komma (lat., aus dem Griech., ‚Einschnitt'). „Comma". **Hornschuch** 18. — Verdeutscht: „**Beystrichlein**". (**Harsdörffer**), Gesprächspiele IV, 1644 S. 412. — „**Strichlein**, Comma". **Geßner** u. **Täubel** in den deutsch-ital. Kunstwörterverzeichnissen.

komplettieren (franz.), vervollständigen, ergänzen. „Aus mehreren zu einem gedruckten ungebundenen Buche gehörigen Lagen [s. d.] werden ganze Exemplare desselben gemacht (completirt) . . .; dann heißen alle Lagen, die zu demselben Buche gehören: ein vollständiges (**completes**) Exemplar." **Täubel** s. v. Lage. — „**k**." **Waldow**.

kompreß (lat.). „bey compressem oder gewöhnlichem Drucke". **Täubel** s. v. Anführen. — „Werke, die nicht compreß oder enge gesetzt werden sollen." **Ders.** s. v. Durchschießen (der Zeilen). — „**Kompresser Satz**, ganz eng gehaltener, undurchschossener Satz." **Waldow**. — Verdeutscht: „**zusammengedruckt, compresso**" (Ggs.: weitläufig). **Geßner** u. **Täubel** in den deutsch-ital. Kunstwörterverzeichnissen.

konfirmieren (lat.). „So wil ich dich jetzt absolvirn, Vnd in deim Orden confirmirn." **Depositionsspiel** v. 1621 (Gaedertz in den Akad. Blättern 443). — „Auch dreyen Postulirern, so zuvorhero diese Kunst rechtmässig erlernet / auff jhr damahliges Ansuchen / Confirmationem wiederfahren lassen / vnd sie mit gewöhnlichen Ceremonien zu vollständigen Kunst-Verwandten erkläret." Jubilaeum Typographorum Lipsiensium 1640 B i j. — Verdeutscht: „**neue Gesellen bestätigen.**" **Kurf. sächs. Buchdr.-Ordng.** 1606 bei Werther 19. — „der sich zum Gesellen machen und bestätigen will lassen". **Ebenda**. — „Confirmation, **Bestätigung**, ist ein Kunstwort bey einem Postulat, da der Cornute im Namen einer gantzen Gesellschaft zu einen Gesellen bestätiget wird." **Geßner-Hager**.

König. „wenn die Massa erkältet / wird der Topff zerbrochen / der gute Zeug oder K. von denen sich oben angesetzten Schlacken geschieden". **Adrian Beiers Handlungs-Kunst- Berg- und Handwercks-Lexicon**, Jena 1722 s. v. Schrifftgiesser.

Königsstock, die stehende Welle des großen konischen Rades an der Schnellpresse. **Waldow** s. v. Fundament.

Konkordanz (lat., ‚Übereinstimmung'). 1. „in den Marginalibus [s. d.], oder / wie man sie nennet in Concordantien". **Hornschuch** 20. **Geßner** 363.

2. frühere Benennung eines kleinen Schriftgrades, mit welchem die sub 1. erwähnten Konkordanzen gedruckt zu werden pflegten. „**Concordantz** Antiqua, **C.** Cursiv, **C.** Fractürlein" (jedesmal an letzter Stelle). **Hornschuch** (1. Ausg.) 38 ff. — „**Concordanz**" als kleinster Schriftgrad. **J. J. Strantz**, Postulatgedicht, Schleiz 1716.

3. „auch **Quadrat** genannt, ein Ausschlußstück, welches zum Füllen leerer Räume im Satz, wie Ausgangszeilen u. dgl., verwendet wird". **Waldow**. — Früher sagte man: „**K.-Quadrat**". „Quadraten . . . werden auch an die Seiten

gesetzt. Daher sie den Rahmen Concordantz-Quadraten bekommen". Geßner-Hager. — „ganze und halbe Concordanz-Quadraten". Täubel s. v. Ausschließungen.

konsensweise (von lat. consensus, ‚nach Übereinkunft'). „C. arbeiten, bedeutet nichts anders, als wenn der Buchdruckerherr so wohl dem Setzer, als Drucker, seine Arbeit dem Stücke nach bezahlet." Geßner-Hager. — Sieh auch: berechnen.

Kontrapunzen, **Kontrastempel** s. Punzen.

Kopf. 1. eines Buchstabens. Täubel s. v. Mundiren. — „K., derjenige Teil der Letter, welcher das Bild des Schriftzeichens verkehrt in Relief trägt." Waldow.

2. einer Musiknote. Täubel s. v. Musiknoten-Druck. — „Köpfe, die zur Darstellung der Tonstufen benutzten Punkte und Ringe". Waldow.

3. einer Tabelle, Zeitung u. s. w. Täubel s. v. Abtheilen des Raumes. — „K., der oberste, hauptsächlichste, sozusagen den Titel bildende Teil einer Tabelle u. dgl." Waldow.

Kopfleiste s. Leiste.

Kopfsteg s. Kreuzsteg.

Kopfstück s. Krone.

Kopie s. Manuskript.

Korbel (Nebenform von „Kurbel"). „K." Gveintz. — „Gorbel, ist eine eiserne runde Stange, daran die Walze befindlich ist." Geßner-Hager. — „Corbel (oder Handgriff) la Manivelle". Geßner, Deutsch-franz. Kunstwörterverzeichnis. — „Gorbel, Handgriff, Manico" u. s. w. Ders., Deutsch-ital. Kunstwörterverz. — „Gorbel". Hübners Natur- u. s. w. Lexicon, Leipzig (1. Aufl. 1712) 1776 s. v. Buchdruckerkunst. — „Gorbel, K., Handgriff . . ." Täubel, Deutsch-ital. Kunstwörterverz. Ders. I, Anhang unterscheidet „das durch die Walze gehende Eisen" und „das, was von diesem Eisen vorne heraus ragt, welches die K. oder das Korbeleisen heißt". Ders. führt s. v. Drucker-Instrumente gesondert an: „die eiserne Stange, welche durch die Walze unter dem Karn hingeht, und in den beyden Hülsen oder Korbelbändern ruhet, welche unten am Karne auf beyden Seiten befestigt sind", und: „die runde von Holz gedrehte Korbelscheide, womit der Drucker mit der Hand die Walze dreht." — Eine andere Benennung für den letztern Bestandteil ist „Handhabe" bei Pater 56 („ . . . vermittelst einer Waltzen, welche der Drucker mit der Handhaben regieret"), wahrscheinlich auch „Prehensio, suc[c]ula, λαβή (Wend)" in Jo. Henr. Alstedii Encyclopaedia 1630 bei Wolf II 1054. — Vgl.: Walzeisen.

Kornmaß. „Kornmaaß, ein viereckigtes Klötzgen, welches aus Stahl, oder Meßing bestehet; Man braucht solches in Schriftgießereyen." Geßner-Hager.

Kornut (lat., ‚Gehörnter'), frühere Benennung des jungen Buchdruckers, der ausgelernt, aber noch nicht unter die Gesellen aufgenommen war, wozu es erst der feierlichen Deposition (s. d.) bedurfte. Der Kornutenstand dauerte gewöhnlich 3 bis 4 Wochen, in Ausnahmefällen bis zu 3 Jahren (Geßner-Hager II

25. 58). — „Cornutus" im Personen-Verzeichnis des ältesten Depositionsspieles, der „Depositio Cornuti" des Paulus de Vise aus dem J. 1621; dafür im niederdeutschen Texte ebenda auch „Hörneman" und „Dubendop"[1]. Der noch nicht zum Gesellen gemachte Ausgelernte wurde angesehen als ein Tier mit Hörnern, dem erst die Hörner (die ihm wirklich auf den Hut gesetzt waren) abgehauen werden mußten. Beim Auftreten des Kornuten bricht der Depositor in die Worte aus: „Was ist das für ein Wunderthier ...?" und der Knecht antwortet: „An synen Hörnen süht men vvol, / datt et ein Cornut vvesen schul", worauf der Depositor wieder fragt: „Ein Cornut. Was ists für ein Thier?" u. s. w. Der Depositor „schlägt" ihm schließlich „mit dem Beil den Hut ab" und spricht dabei: „Da leit dein schelmisch zier vn̄ kron" u. s. w. In der sogen. Beichte bekennt der nunmehr Deponirte unter anderm:

„Achtet gar keiner ehr noch zucht,
Sondern lebt hin heillos, verrucht;
Davon mir denn vvuchsen zuhand
Die Hörner so man an mir fandt.
Nun hab ich einen Meister fundn,
Der mich der Hörner hat entbundn
Vnd mich macht zum ehrlichen Gselln." —

„Cornut oder Hornträger" im Personen-Verzeichnis des Depositionsspiels von Joh. Rist aus dem J. 1655; ebenda im hochdeutschen Texte „Hörnertrager" u. „Hörnermann", im niederdeutschen „Hornemann" u. „Dubendop"[1]. — „Cornutus, oder Hörnerträger, heißt derjenige, welcher seine Lehrjahre ehrlich und völlig ausgestanden, die edle Kunst der Buchdruckerey gelernet, und nunmehro zum Gesellen gemachet werden soll. Diesen Namen führt er so lange, bis er nach eingeführter Weise zum Gesellen gesprochen ist ..." Geßner-Hager.

Für den Kornuten findet sich auch die Bezeichnung „Cornelius", z. B. in der Augsburger Buchdr.-Ordng. 1713 bei Werther 495 und in Hübners Natur- u. s. w. Lexicon, Leipzig (1. Aufl. 1712) 1776 s. v. Buchdruckerkunst; desgleichen führen Geßner und Täubel unter den italienischen Benennungen für „Cornut" in den betr. Kunstwörterverzeichnissen das Wort „Cornelio" an. Nun könnte man „Cornelius" einfach als eine Nebenform von Cornutus erklären, zumal es auch von einem durch seine Ehefrau Gehörnten gebraucht wird, z. B. in Hofmannswaldaus und anderer Gedichten, Teil VI, Leipzig 1731, S. 73. (Vgl. seigneur Cornélius = Hahnrei bei Molière, Sganarelle 6 und die veraltete Bezeichnung Cornelius für denselben Begriff im Englischen.) Indessen ist doch wohl außer des Albertus Wichgrevius Komödie „Cornelius relegatus" (Rostock 1600 u. ö.), worin

[1] Die Ausdrücke „Hornemann" und „Dubendopf" finden sich als Schimpfwörter für einen Ehemann in Joachim Rachels Satiren vom J. 1664: ersterer I 180 u. II 115, letzterer I 294 u. IV 216.

eine akademische Deposition geschildert wird, die im 17. Jahrh. sprichwörtliche Redensart „einen Cornelium haben" für „der Betrübnis nachhangen" (Fons Latinitatis, Frcf. 1653 p. 330) nicht ohne Einfluß auf die Bezeichnung eines Angehörigen des betrübten Kornutenstandes mit dem Ausdruck „Cornelius" gewesen. Die ursprüngliche Bedeutung jener sprichwörtlichen Redensart scheint zu sein: „einen schlechten Tag haben", indem der Corneliustag im studentischen Aberglauben für einen Unglückstag galt. Hierauf deutet eine Stelle in **Hofmannswaldaus** u. anderer Gedichten (a. a. O. S. 120) hin:

„So bitter ist der stand. Und soll man ihn vergleichen,
So stellt Corneli tag sein bild leibhafftig dar,
Der manchem zum arrest kein allzu gutes zeichen
Und zu der schlägerey nicht allzuglücklich war."

Kornutengeld. „C." erwähnt in der **Augsburger Buchdrucker-Ordnung** 1713 bei **Werther** 495. — „C., ist dasjenige, was ein Cornutus der Christlichen Billigkeit nach alle Wochen, oder Messen, in der Arbeitenden Druckerey denen Gesellen darlegen muß. In Ermangelung derselben aber soll es der Herr von Messe zu Messe an die nächstgelegene Gesellschaft einsenden." **Geßner-Hager.** Vgl. **Werther** 24.

Kornutenhut. „C., ist ein besonderer Hut, welcher dem Cornuten verfertiget wird, wenn er zum Postulat schreitet. Bey der Deposition wird er ihm von dem Depositore abgenommen." **Geßner-Hager.** — „... der Depositor aber trug ein groses hölzernes Beil, womit er denen Cornuten die auf dem Kopf tragenden bundten mit Schellen besetzten Hüthe abschlug". **Ders.** III 154 (Beschreibung der Jubelfeier zu Dresden 1740). — „einem den Hut abschlagen, scappellar' uno". **Geßner**, Deutsch-ital. Kunstwörterverzeichnis s. v. Hut. — Schon vor der Deposition machten die Gesellen dem Kornuten „durch Aufhencken eines gehörneten Huts an die Presse wobey er arbeitet / einen Eckel an seinem jetzigen Stande / und Verlangen zum verändern". **Adrian Beiers** Handlungs- Kunst- Berg- und Handwercks-Lexicon. Jena 1722 S. 234.

Korpus (lat.), ein zwischen Cicero und Borgis liegender Schriftgrad von 10 Punkten. „Corpus". **Hornschuch** 40. **Gveintz.** (**Harsdörffer.**) Gesprächspiele, Teil IV, Nürnberg 1644, S. 411. **Redinger. Pater** 34. **Thun. Ernesti** 2, der grobe und kleine unterscheidet. — „Corpus Schrift, soll ihren Namen daher bekommen haben, weil das Corpus Juris zum ersten mal damit gedruckt worden seyn soll". **Geßner-Hager.** — „... Das weiß ich wohl, daß man [in Druckereien] Porcs statt Corps vor Corpus spricht". **H. A. Wildenhayn**, Ehrengedicht, bei Geßner, Anhang S. 88 Anm. — „C." **Täubel.** — „K." **Waldow.** — Sieh auch: Garmond.

Korrektor (lat., ‚Berichtiger'). „Corrector". **Jörg Busch's** Lied aus d. 16. Jahrh. (bei **Osk.** Schade, Deutsche Handwerkslieder, Lpz. 1865 S. 26). — **„Correcktor / besserer".** Henr. Decimator, Silva vocabulorum, Frcf. 1589. — „Corrector". **Hornschuch.** — „Wenn der Buchdrucker grössere Bücher und Tractatus zum Verlag an sich geselschet, soll er einen Correctorem haben: damit das Werck . . . so viel correcter an das Licht kommen möge." **Danziger Druckerey-Ordnung** vom J. 1684 bei Pater 53. — „Correctores, oder Ubersеher des Drucks". P. Lovis le Comte 1696 bei Pater 50. — „C." **Geßner-Hager.** — „ein Wiederüberseher, C. der Bücher". **Geßner,** Deutsch-ital. Kunstwörterverzeichnis. — „C." **Täubel.** — „K., der mit dem Lesen von Korrekturen Betraute". **Waldow.** — In den ersten Jahrhunderten nach Erfindung der Buchdruckerkunst lag den Korrektoren die kritische Überarbeitung des Textes ob. **Garzoni** († 1589), welcher ein besonderes Kapitel: „Von den Correctoribus, Censoribus vnd Criticis" (Schawplatz, Übs. 1659 S. 312 ff.) hat, sagt, daß sie „mit mangelhafftigen Reden vnd Schrifften vmgehen / vnd dieselbe bey den Authoribus zu bessern sich vnterstehen". Dazu konnten natürlich nur gelehrte Männer gebraucht werden. Ein Hundert derselben stellte **Joh. Konr. Zeltner** in seiner Schrift „Correctorum in typographiis eruditorum centuria" (Altdorf 1716) zusammen. — Sieh auch: Hauskorrektor.

Korrektur. „Correctur". **Hornschuch.** — „Correctur, ist ein gesetzter und von dem Drucker abgezogener Bogen, welcher dem Corrector überbracht wird, damit er die darinnen befindlichen Fehler auf dem Rande anmercken kan. Insgemein geschiehet es zwey bis drey mal." **Geßner-Hager.** — „eine Correctur (einen Correcturbogen) nach dem Manuscripte [s. d.] lesen". **Täubel** s. v. Corrector. — „K.: 1. das Lesen und Prüfen des Abzuges eines Satzes auf Grund des Manuskriptes und das Vermerken aller sich zeigenden Fehler auf demselben unter Benutzung gewisser Zeichen (s. Korrekturzeichen) durch den Korrektor; 2. die auf Grund jener K. vom Setzer vorgenommene K. oder Verbesserung des Satzes". **Waldow.**

Korrekturabdruck, der von einem neu gesetzten Bogen gemachte erste, für den Korrektor bestimmte Abdruck. „Ein Abdruck allererst gibt er [der Setzer] zu überlesen Dem / ders verbessern sol". **Gveinz.** — „Correctur-Abdruck". **Täubel** s. v. Abziehen. — „Correctur-Bogen". **Ders.** s. v. Corrector. — „Korrekturbogen". **Waldow.** — Sieh auch: Korrektur.

Korrektur abziehen s. abziehen 1.

Korrekturzeichen. „Die Characteres vnd Zeichen / derer man sich in corrigiren gebraucht". **Hornschuch** 16[1]. — „Characteres welcher sich die

[1] Die Korrekturzeichen waren damals fast dieselben wie heute; insbesondere finden wir schon bei Hornschuch ꝺ (eigtl. Abkürzung von lat. deleatur) für „auszuthun" und V (eigtl. Abkürzung von lat. vertatur) für „vmbzukehren".

Correctores und andere, bey Durchsehung der Correcturen, bedienen". Ernesti zu S. 48, der aber in der Anweisung selbst immer das Wort „Zeichen" gebraucht. — „Correctur-Zeichen" und „Zeichen". Geßner, Deutsch-franz. Kunstwörterverzeichnis. — „Corrigirzeichen" und „Zeichen". Täubel s. v. Corrector. — „K." Waldow.

Korrespondenzschrift (franz.), eine Schreibschrift neuen Stils. Waldow.

korrigieren (lat., ‚berichtigen'). Den Lehrjungen „so weit bringen, daß ... auch im corrigiren und revidiren ihm zu vertrauen sey". Kurf. sächs. Buchdr.-Ordng. 1606 bei Werther 18. — „corrigiren" (vom Korrektor). Hornschuch 16. — Verdeutscht: „die Fehler geändert" (vom Setzer). (Harsdörffer,) Gesprächspiele, Teil IV, Nürnberg 1644, S. 413. — „corrigiren" vom Setzer gesagt im Buchdruckerlied 17. Jahrh., Str. 7. — „Corrigiren, heißt die Druckfehler verbessern. Erstlich verbessert der Corrector die Fehler auf dem Correcturbogen, hernach aber der Setzer auf der Forme, indem er die falschen Buchstaben mit der Ahle heraus nimmt und die rechten davor hinein setzet." Geßner-Hager. — „k." (vom Setzer). Waldow.

Korrigierstrich. „Bey jedem Fehler, den der Corrector im Probeabdrucke in einer Zeile findet, muß er durch denselben einen geraden Strich machen; diesen heißt man den Corrigirstrich, und dann diese Corrigirstriche am Rande an der Zeile wiederholen ..." Täubel s. v. Corrector.

Korrigierstuhl, eine Art Tischchen, auf welches der Setzer die Form zum Zwecke des Korrigierens legt. Geßner-Hager. — Täubel s. v. Anführegespan. — Waldow.

Korrigierwinkelhaken s. Winkelhaken.

Korrigierzeichen s. Korrekturzeichen.

Kot s. Karren.

Kranz. „Krantz, von Stroh, wird gebraucht bey dem Firniß sieden, die Blase darauf zu setzen, wenn man solche vom Feuer nimmt, damit das Oel wegen der kühlen Erde nicht übersteigen möge." Geßner-Hager, der auch „Strohkrantz" hat. — „Krantz, von Stroh". Geßner im deutsch-ital., „Stroh-Crantz" im deutsch-franz. Kunstwörterverzeichnis. — „Strohkranz". Täubel s. v. Farbesieden, ferner im deutsch-franz. und deutsch-ital. Kunstwörterverzeichnis, in letzterem auch „Kranz, von Stroh".

Kranzjungfer. „Crantzjungfer, ist diejenige Person, welche sich ein Cornutus bey seinem Postulate erwählet, daß sie ihm einen ... Crantz (Gesellen-Crantz) verfertigen läßt, welcher ihm bey der Confirmation, als das erste Ehrenzeichen, auf das Haupt gesetzt wird." Geßner-Hager. — Nachdem der Depositor den Kornuten die Hüte abgeschlagen hatte, setzte ihnen „davor der Lehrmeister bundte Cräntze auf und bestätigte selbige" u. s. w. Später hatten die Deponierten „das Vergnügen, in ihren Cräntzen die Gäste zu bedienen". Ders. III 154 (Beschreibung der Jubelfeier zu Dresden 1740).

Krätze. „K., ist ein Kunstwort bey

Schriftgießern bey Schmeltzung des Zeugs. Alles, was unter der Arbeit abgehet, und in der Aschen, oder in Kehrig, zurück bleibet, heißet K." **Geßner-Hager.** — „K., die graue, ascheartige Haut, welche sich auf geschmolznem Letternmetall befindet und aus Metalloxyden besteht." **Waldow.**

Kreuz. 1. „Creutz, ist in Druckereyen ein in Creutzes Figur verfertigtes Holtz, womit man die abgedruckten Bogen [zum Trocknen] aufhänget, und wieder abnimmt." **Geßner-Hager.** — „K." und „**Aufhängekreuz**". **Waldow.**

2. „Creutz" u. „**Kreutzgen**". **Geßner**, Deutsch-franz. Kunstwörterverzeichnis. — „Creutzgen, in gegossenen Schriften, werden zu verschiedenen Sachen genutzt, absonderlich zu Noten, oder zum Beschluß eines Leichen-Carminis . . ." **Geßner-Hager.** — „Kreuzchen". **Täubel** s. v. Puncturen. — „Kreuz". **Waldow.**

Kreuzmaß. „Creutzmaß, ist ein Werckzeug bey Gießereyen, da das gantze Instrument darnach verfertiget und gerichtet wird, weil alles nach den Winckel justiret werden muß." **Geßner-Hager.**—„Kreuzmaaß". **Täubel** s. v. Schriftgießer-Instrumente.

Kreuzsteg. „Creutzsteg" [Mehrzahl]. **Vietor.** — „Creutz- oder Qveer-Stege". **Thun.** — „Creutzsteg, ist derjenige Steg, der an den Columnen-Titul geleget wird; Es giebt breite u. schmale." **Geßner-Hager.** — „Kreuzstege". **Täubel** s. v. Stege. — „K. (auch **Kopfsteg**) heißt der Steg, welcher, mit dem Mittelsteg im rechten Winkel liegend, mit ihm gleichsam ein Kreuz bildet." **Waldow** s. v. Formatmachen.

Krone. „K., heißt das oberste Theil an der Presse, welches sie zusammen hält, und ihr zugleich eine Zierde giebt." **Geßner-Hager.** — „K. oder **Decke**". **Täubel** s. v. Drucker-Instrumente. — **Waldow** hat dafür die Benennung „**Kopfstück**".

Kunst, die Buchdruckerkunst als die Kunst κατ' ἐξοχήν, als welche sie oft gerühmt wird. So sagt **Daniel Kramer** in „des heiligen Jobs Bleyern Schreib-Täfflein" (Alten-Stettin 1611) bei Hornschuch 60: „Haec Ars est omnium Artium conservatrix (P. Ramus l. 2. Mathematic. Schol.). Durch diese Kunst werden alle andern Künste verwaret. Ja / Haec Ars est omnium artium propagatrix. Durch diese Kunst werden alle andern Künste erweitert / vnd aus einem Lande ins ander gebracht." **Enoch Hanmann** nennt sie in einem Gedicht (abgedruckt im Jubilaeum Typographorum Lipsiensium 1640) „der Künste Kunst" und „Tausendkünstlerin;" vgl. **D. Joh. Schmid**, Predigt von der Buchdruckerkunst (1640), bei Pater 57: „eine Kunst aller Künste, wie sie von etlichen wegen der von ihr herkommenden Erhaltung aller Künste und Wissenschafften nicht unbillich genennet wird". **Andr. Tscherning** bezeichnet sie in seinem „Lob der Buchdruckerey" (1640) als „die Mutter aller Kunst", ebenso **Jes. Rumpler** (im Anhang zum „Bericht Von Erfindung Der BuchTruckerey In

Straßburg" 1640) als „die mutter aller künst' ia recht die küniginne", desgl. Joh. Rist in dem Liede zu Eingang seines Depositionsspiels v. J. 1655 als „der Künste Königinn". — Redensarten: 1. „Gruß, bringen die Gesellen in eine Officin, als eine Hochachtung vor selbige, wenn sie ankommen, welcher in diesem Formular bestehet: GOtt grüß die Kunst, ingleichen von denenjenigen Herren und Gesellen, wo sie zuletzt in Arbeit gestanden. Es gehet aber weiter keine Cerimonie vor, wie bey andern Handwerckern." Geßner-Hager. — 2. „Indeß wird zwar das bekannte Sprüchwort: Ich halte es mit der Kunst; öffters hergewaschen, allein denen redlich eingepflantzten Gebräuchen, die zur Kunst gehörig, . . . will ietzo mancher unerfahrner nicht so sträcklich nachleben." Werther 374. — 3. „ . . . 21. Wochen, so eine belachens-würdige Lehr-Zeit wäre, und wohl die Kunst (nach dem gemeinen Sprichwort) bey einem Strümpfgen [wohl Druckfehler statt: Stümpfgen] Licht gelernet hieße". Aus einem Schreiben der Nürnberger Buchdruckergesellschaft v. J. 1718 bei Werther 411.

Kunstverwandte. Das Wort findet sich schon im „Jubilaeum Typographorum Lipsiensium" von 1640 sowie in einem dem aus demselben Jahre stammenden „Bericht Von Erfindung Der BuchTruckerey In Straßburg" angehängten Gedichte von Johann Freinßheimer (sic!). Für die „K." schrieb Victor sein „Format-Büchlein". — „K., Kunstglieder, Kunstgenossen", auch mit den Zusätzen „redlich, rechtschaffen", von Buchdruckern, welche die Kunst „redlich, rechtschaffen, rechtmäßig, ordentlich" erlernt haben, im Gegensatze zu den „Hudlern", bei Werther 25. 27. 32. 349. 416. 417. 419 u. ö.

Kurrentschrift (lat., ‚laufende Schrift'). „Cicero Currant" [franz. courant]. Redinger. — „Die deutsche [Schrift] hat dreyerley Abtheilungen; denn außer der Fractur, hat man noch die Schwabacher, und die sogenannte Canzley- oder Currentschrift, welche wie geschrieben sieht". Hübners Natur- u. s. w. Lexicon, Leipzig (1. Aufl. 1712) 1776 s. v. Schriftgießer. — „K., eine Art Schreibschrift". Waldow.

Kursiv (lat., ‚laufende' Schrift). „Cursivschrifften / so geschoben seyn". Hornschuch 21. — „Grobe Cursiv" u. s. w. Ders. 43. — „C." Gveintz. — „Die Wohlfahrt will Cursiv und auf dem Sprunge seyn". Vergleichg. d. menschl. Lebens mit d. Buchdr. bei Ernesti. — „Datur et tertium genus literarum versalium, quod Cursivum nominatur, nunquam rectum, ut priora illa duo [die eigentlichen Versalien und die Kapitälchen], sed semper acutum faciens angulum. Vocatur autem Cursivum a cursilitate forsan et expedita scribendi ratione veterum Notariorum . . ." Pater 17. — „Cursiv-Schriften, heißt man diejenige Art Lateinischer Buchstaben, welche denen geschriebenen geschobenen Buchstaben gleich kommet, deren sich die Schreiber ehedessen bedienet, wenn sie geschwind geschrieben haben. Die Züge dieser Schrift sind nicht gerade, sondern schief. Aldus Manutius hat selbige zu erst erfunden. Eben deswegen hat er von der Republic Venedig ein Privilegium erhalten, daß Niemand innerhalb 10. Jahren damit drucken dürfte. Von dem Ort der Erfindung heißt diese Schrift auch venetica oder italique. [I. ist die französische Benennung für K., welche auch die Engländer Italic nennen.] Heut zu Tage hat man diesen Schnitt bey nahe in alle Schriften und Schriftproben." Geßner-Hager. — „K., eine schrägliegende Antiquaschrift, welche bei Antiquasatz die Stelle des Spatiinierens in der Fraktur vertreten soll, in vielen Fällen jedoch neben spatiiniertem Satz noch als Auszeichnungsschrift figuriert". Waldow.

Kürzung s. Abbreviatur.

Kustos (lat.). „Der Custos, oder Hüter (welches die jenigen Syllaben seyn / die vffn Blat zu vnterst auff der rechten Hand zu befinden / vnd den Anfang des folgenden Blats andeuten) . . ." Hornschuch 20. — „C." Geßner-Hager s. v. Schneiden. — „C. (oder Hüter) ist diejenige Sylbe, die . . . den Anfang der folgenden Seite oder Blats andeutet." Geßner 370. — „C., dieser steht allemahl unten nach der letzten Zeile einer jeden Seite, rechts an der Ecke, und enthält jederzeit das erste Wort oder die ersten Sylben des ersten Wortes, womit sich die folgende Seite anfängt, und weiset also dem Leser an, wie er weiter fortlesen soll." Täubel, der auch die Zusammensetzung „Custoszeile" (s. v. Signatur) hat. — Aug. Marahrens, Handbuch der Typographie, Bd. I, Leipzig 1870 S. 229 giebt die Verdeutschungen „Blatthüter" und „Folgezeiger". — „K., Angabe des ersten Wortes oder der ersten Silbe der folgenden Seite in der rechten untern Ecke; bereits 1486 nachweisbar; heute nicht mehr gebräuchlich." Waldow.

Ladengeselle s. Assessor.

Ladenvater. „Oberältester, oder L., ist derjenige Buchdruckerherr, welcher jährlich beym Ostergeneralsitz von der gantzen löblichen Gesellschaft erwehlet wird, daß er die Lade[1] in Verwahrung behalte, über Einnahm und Ausgabe richtige Rechnung führe, und solche der sämmtlichen Gesellschaft jährlich bey Niederlegung seines Amts abstatte, ingleichen auch bey Eröfnung der Lade den Vortrag thue." Geßner-

[1] „L., ist bey der Innung ein zierlich verfertigter viereckigter, oder länglichter Kasten, worinnen die Privilegia, Briefschaften, wie auch der Vorrath an Geld verschlossen aufbehalten wird. Wird die L. bey öffentlichen Versammlungen eröfnet, so bedeutet dieses gleichsam die Hegung des Gerichts, der Ladenvater giebt durch einen Vortrag zu verstehen, warum die Versammlung angestellet worden, ingleichen wird von Einnahm und Ausgabe Rechnung abgeleget, oder, wenn sonsten von auswärtigen Gesellschaften etwas eingelaufen, Rath gehalten, und Bescheid ertheilet." Geßner-Hager s. v. Lade. — Die Lade wird schon in der kurf. sächs. Buchdr.-Ordng. 1606 bei Werther 14 erwähnt, wo sie auch Fiscus genannt wird.

Hager s. v. Oberältester. — Das „Verzeichniß Sämmtlicher [Leipziger] Kunstverwandten" vom Jahre 1740 (im „Gepriesenen Andencken von Erfindung der Buchdruckerey" u. s. w. Leipzig 1740 S. XVII) hat die Benennung „Oberältester". — Der L. war der ältere der beiden Vorgeher (s. d.).

Lagen machen. „L. m., heißt in Druckereyen allemal 8. gedruckte Bogen in ihrer Ordnung in einander stecken." **Geßner-Hager.** — Nach **Täubel** „besteht eine **Lage** gemeiniglich aus 6 Bogen, jedoch oft aus 5, oder mehr als 6 Bogen, je nachdem das Buch, in Ansehung seiner Bogenzahl, schicklich einzutheilen ist", und geht man beim Lagenmachen an der **Lagenbank**, einem langen schmalen Tisch, auf dem die Bogen liegen, hin und her. — Jetzt begreift eine Lage 8—10 Bogen, nach **Waldow** s. v. Komplettieren.

langer Weg. „Ein ander Format [in Quart] so den langen weg zusammen gelegt . . . wird." **Vietor** 7. — „den langen weg vmbwendend". **Ders.** 18. — „einen Bogen gerade in der Mitte den langen Weg durch falzen". **Täubel** s. v. Drucken.

lateinische Schrift s. Antiqua.

Laufbrett. „Lauffebret". **Gveintz.** — „Laufbrett". **Ch. Vester,** Löbl. Buchdrucker-Kunst, Halle ca. 1670 (bei Wolf II 498). — „wo Lauffbret, Schinn- und Deckel kracht". **Vergl. d. menschl. Lebens mit d. Buchdr.** b. Ernesti. — „Laufbret, oder Karn [1], ist eine Machine bey der [Holz-] Presse, an welcher sich unten die Klammern befinden. Man hat zweyerley Arten, nemlich zu hohlen und zu erhabnen Schienen. Es liegt solches auf den Unterbalcken." **Geßner-Hager.** — „Laufbret". **Täubel** s. v. Drucker-Instrumente. — „L." **Waldow.** — Andere Benennung: „**Schienbrett**" (nach den auf demselben befindlichen eisernen Schienen benannt). **Pater** 56.

Läufer s. Reiber.

Laufgeld. „L. geben, heißt man, wenn ein Herr von einem fremden Ort Gesellen verlangt, so überschicket er entweder so gleich, oder verwilliget etwas gewisses zu den Reiseunkosten." **Geßner-Hager.** — „einem Kost- oder L. geben". **Geßner** u. **Täubel** in den deutsch-ital. Kunstwörterverzeichnissen. — „Lauf- oder Reisegeld". **Hübners** Natur- u. s. w. Lexicon, Leipzig (1. Aufl. 1712) 1776 s. v. Buchdruckerkunst.

lebend. Man unterscheidet lebende u. tote Kolumnentitel (s. d.), je nachdem dieselben den Inhalt und die Seitenzahl oder bloß die letztere angeben; desgl. lebende u. tote Zeichen des Tierkreises, je nachdem sie in einer verkleinerten Abbildung oder in dem bloßen Zeichen, z. B. ♈ für Widder, bestehen (**Schwark,** Typogr. Allerlei 2. A. 1898 S. 35).

---

[1] Geßner-Hager unterscheidet beide s. v. Karn (sieh „Karren").

Lecker, **Heber**, die kleinere Massewalze, welche von der Farbewalze die Farbe entnimmt. **Waldow** s. v. Heber.

Leiche. „Leichen machen, heißt man in Druckereyen, wenn ein Setzer gantze Zeilen im Setzen von dem Manuscript ausengelassen hat." **Geßner-Hager.** — „eine Leiche oder Auslassung einiger Worte in einer Materie, l'omission." **Geßner**, Deutsch-franz. Kunstwörterverzeichnis. — „Ja, Ubereilung es gar offtmahls dahin bringt, Daß er [der Setzer] hier Hochzeit macht, dort Leichen-Lieder singt." **H. A. Wildenhayn**, Ehrengedicht, bei Geßner, Anhang 82. — „Leiche, die, oder eine Auslassung im Satz" u. s. w. **Täubel**, Deutsch-franz. Kunstwörterverzeichnis. — „Eine wirkliche Leiche wird begraben und eine Auslassung muß eingebracht werden, daher die Gleichartigkeit." **Aug. Marahrens**, Handbuch der Typographie, Bd. I, Leipzig 1870, S. 126. Diese Erklärung ist zu gezwungen, als daß man ihr zustimmen könnte. Der Ausdruck „Leichen machen" rührt ganz einfach daher, daß der Setzer die Wörter oder Zeilen des Manuskriptes, welche er ausläßt, gleichsam umbringt, ums Leben bringt. — „L." **Waldow.**

Leiste. „Leisten vmb die Titul". **Hornschuch** 50. — „Leistigen". **Ebenda.** — „**Kettenleisten**". **Der Edle Greiff** bei Hornschuch 124. — „Leisten, werden als eine Zierrath über Vorreden, und Zuschriften, über den Anfang eines Buchs, Disputation, und allerhand Verse gesetzt." **Geßner-Hager.** — „Leisten". **Täubel** ö. — „**Kopfleiste**, eine meist im Längenquadrat gehaltene Verzierung zur Ausschmückung des obern Teils der Anfangskolumnen eines Werkes." **Waldow.**

lesen, prägnant gebraucht von der Arbeit des Korrektors, der den Abzug mit dem Manuskript vergleicht. „eine Correctur genau nach dem Manuscripte lesen". **Täubel** s. v. Corrector.

Letter (franz. lettre von lat. littera) s. Buchstabe.

Ligatur (lat., ‚Bindung'). „Griechische Abbreviaturen und Ligaturen". **Ernesti** 24. — „Ligaturen. So nennt der Schriftgießer folgende Buchstaben, welche er bey jeder Schrift besonders und hinter einander zu gießen pflegt . . . [z. B.: ll, si, fi]." **Täubel.** — „Ligaturen, die gebräuchlichen zusammengegossenen Buchstaben." **Waldow.**

Linie (lat. linea). 1. „alle Colümlin mit Linien eingefaßt". **Vietor** 62. — „L." **Geßner-Hager**, der auch „**Stück-Linien**" anführt. — Die letzteren sind nicht, wie die gewöhnlichen Linien, „aus dem Ganzen oder lang", sondern „in verschiedener Breite und auf verschiedenen Kögeln gegossen". **Täubel** s. v. Einfassen. — „Linien" u. „Linieneinfassung". **Waldow.**

2. = Zeile. „Lini". **Hornschuch** 18 f., der aber auch „Zeile" hat. — „Wenn ein Buchstabe aus der Linie stehet [z. B.: b^{e}]." **Ernesti** zu

S. 48. — „L." **Geßner-Hager.** — „L., Zeile, la ligne". **Geßner,** Deutsch-franz. Kunstwörterverzeichnis.

3. s. Steg.

Linie halten s. alineieren.

Litter (lat.) s. Buchstabe.

Littersetter s. Setzer.

Litur (lat.), eine ausgestrichene Stelle. „Manuscripta ohne Klecke vnd lituren, oder ausgeleschten Wörtern". **Hornschuch** 35.

Löffel s. Gießlöffel.

Löser s. Reiber.

lossprechen, freisprechen, einen Lehrjungen, nämlich von den Lehrjahren, nachdem er ausgelernt; darauf wurde er früher noch nicht gleich zum Gesellen gemacht, sondern mußte noch einige Wochen Kornut (s. d.) sein, bis er dann nach verschenktem Postulat (s. d.) als Geselle konfirmiert (s. d.) wurde. **Geßner-Hager. Waldow** s. v. Buchdrucker. — Dafür auch: „loßzehlen". **Geßner-Hager** II 68.

mager (Ggs.: schmierig od. fett). Die Kolumnentitel „werden beym Auftragen gar leicht zu voll geschwärzt, kommen im Abdrucke dann oft zu schwarz und zu voll geschmiert heraus", während sie doch „ein mageres Auftragen erfordern". **Täubel** s. v. Columnentitel. — „Dreystrichige Linien, wovon eine fett und die übrigen mager gezogen sind." **Ders.** s. v. Einfassen. — „Magere Schriften nennt man im Gegensatz zu halbfetten und fetten Schriften diejenigen, welche magere (feine) Grundstriche zeigen." **Waldow.**

Makulatur (lat.). 1. ‚beschmutzte' Druckbogen. „Maculatur drucken". **Hornschuch,** Dedikation. — „Maculatur, heißt man insgemein gedrucktes Pappier, welches entweder verdorben worden, oder sonsten keinen Abgang findet, dahero man solches zu weiter nichts, als zum einpacken gebrauchen kan." **Geßner-Hager.** — „M., urspr. u. eigtl. die beim Druck eines Werkes schadhaft gewordenen Bogen; dann die nicht abgesetzten oder durch neue Auflagen entwerteten Bücher oder andere Drucksachen, sowie unreines, nur zum Verpacken taugliches Papier." **Waldow.** — Auch „Sudelpapier" genannt in **Geßners** u. **Täubels** deutsch-ital. Kunstwörterverzeichnissen s. v. Papier.

2. „Maculatur, graues, oder das sogenannte Löschpappier, bedienet sich der Drucker, bey dem Wiederdruck, in den Deckel zu legen." **Geßner-Hager.** — „das graue Maculatur (Schrens, Löschpapier, Fließpapier)". **Täubel** s. v. Drucken.

makulieren (lat., ‚beschmutzen'). „das Rämchen wol verwahren / damit sich das Papier am gedruckten Theil nicht maculire". **Vietor** 33. — „... muß der Drucker das Rähmlein so verwahren, damit das Papier nicht bemackelt werde". **Ernesti** 121.

Mandatformat, frühere Benennung eines großen Formates, in dem die kaiserlichen Mandate (die am Schlusse die lat. Worte: „Ad Mandatum Sac. Caes. Majestatis proprium ..." haben) gedruckt wurden. **Ernesti** 59.

Männchen auf Männchen, frühere

Bezeichnung für eine gänzlich unveränderte Auflage. „Männgen, aufmänngen, heißt man, wenn man ein schon gedrucktes Buch also wiederum aufs neue absetzt, daß Columnen mit Columnen accurat mit einander überein kommen." Geßner-Hager. — „Mängen auf Mängen". Geßner, Deutsch-franz. Kunstwörterverzeichnis. — „Männchen auf Männchen". Hübners Natur- u. s. w. Lexicon, Leipzig (1. Aufl. 1712) 1776 s. v. Buchdruckerkunst. — „Männchen auf Männchen setzen". Täubel.

Manuskript (lat.), eigtl. die ‚mit der Hand geschriebene', dann aber auch die gedruckte, übh. jede Vorlage des Setzers, wofür früher das Wort „Exemplar" (lat., ‚Muster') gebräuchlich war. „das geschriebene Exemplar". Kurf. sächs. Buchdr.-Ordng. 1606 bei Werther 17. — „die manuscripta, oder die geschriebenen Exemplar". Hornschuch 31. — „Exemplar". (Harsdörffer,) Gesprächspiele, Teil IV, Nürnberg 1644, S. 412. Danziger Druckerey-Ordng. 1684 bei Pater 53. Vergl. des menschl. Lebens mit d. Buchdr. b. Ernesti. — „Manuscript". Pater 114. Geßner-Hager s. v. Leiche. Täubel. Waldow. — „Exemplar". Geßner-Hager s. v. Setzer u. Tenackel. — „das geschriebene Exemplar". Ders. s. v. Ausrechnen. Täubel s. v. Anführen. — Verbindungen: „eine Correctur genau nach dem Manuscripte lesen". Täubel s. v. Corrector. — „Der Setzer setzt von dem Manuscript". Ders. s. v. Divisorium u. ö. — „Der Setzer setzt nach dem Manuscript". Ders. s. v. Anführen. — „aus Manuscripten setzen". Ders. s. v. Männchen auf Männchen. — Bisweilen wird von den Setzern für ein gedrucktes M. der Ausdruck „Kopie" gebraucht; derselbe stammt aus dem Französischen od. Englischen, wo copie bezw. copy s. v. w. Manuskript überhaupt bedeutet (Waldow s. v. Copie).

Margebogen (von franz. marge d. i. Rand?), der Bogen, auf welchem die eigentliche Zurichtung der Druckform vorgenommen wird. Waldow, der ihn auch „Zurichtbogen" (s. v. Zurichtung) nennt, welches Wort schon Täubel s. v. Abgang anführt.

Marginalien (lat.), Randbemerkungen, in kleinerer Schrift als der Text, dem sie zur Seite stehen und dessen Inhalt sie kurz angeben. „. . . . in den Marginalibus, oder / wie man sie nennet in Concordantien". Hornschuch 20. — „Marginalia". Pater 107. — „Marginalien". Ders. 110. — „M." Geßner 363. 373. — „M. oder sogenannte Randglossen". Täubel. — „M." Waldow.

Maschinenmeister s. Drucker. — Ober-M. s. Faktor.

Massa (lat.) s. Zeug.

Mater (lat.). 1. „M." Gveintz. — „M., cochlea foemina, ist dasjenige Stück von einer Schraube, worinnen die Spindel, cochlea mas, herum gehet. Bey der Buchdruckerpresse ist diese M. in den obern Balcken mit zwey Schrauben befestiget, welche insgemein von Meßing gegossen ist." Geßner-Hager.

— Verdeutscht: „**Mutter**". **Vergleichg. d. menschl. Lebens mit d. Buchdr.** b. Ernesti. **Pater** 14. 56. **Geßner**, Deutsch-franz. Kunstwörterverzeichnis („Mater oder Mutter"). **Täubel** s. v. Drucker-Instrumente. — Sieh auch: Mütterlein.

2. s. Matrize.

Materie (lat.), das zum Gießen der Typen verwendete Material, häufiger „Zeug" (s. d. sub 1.) genannt. „mit schöner Materien" (ein Buch drucken). **Vietor** 62. — „Dafern aber die Materie hierzu von alten typis angegeben wird, darf man nicht einmal die Helfte gedachter Summe Schriftgiesser-Lohn zahlen." **Pater** 107. — „Das beste aber wäre, wenn man die Materia des vorhabenden Werks bey Zeit darnach hielte, daß kein Drittel überbliebe". **Ernesti** 121. — „Zeug, Materie zum Schriften". **Geßner**, Deutsch-ital. Kunstwörterverzeichnis.

Maternbriefe, die einzelnen Pakete, welche die Matern (s. Matrize) enthalten. **Waldow**.

Matrize (lat., ‚Mutter'). „Formae ergo primum ex massa metallica excavandae literarum, vulgo **die Matrices zu machen**". Jac. Bornitius 1625 bei Wolf II 1046. — Von Peter Schöffer wird berichtet, daß er die Buchstaben

„. . . . . mit gutem Fug /
In klein küpffern Blätlein abschlug /
Welche man dann noch heut zu Tag /
Bey jhn Matricen nennen mag".

Der Edle Greiff bei **Hornschuch** 119 (am Rande steht „**Matern**"). — „die Materen oder Möbel". (**Harsdörffer**.) Gesprächspiele, Teil IV, Nürnberg 1644, S. 409. — „Matrice, ist ein geschmiedetes und auf einer Seite sehr glatt geschliffenes viereckigtes Stück Kupfer, in welches der Buchstabe, so gegossen werden soll, eingeschlagen wird." **Geßner-Hager**. — „Mater, eine Matrice Buchstaben zu giessen". **Geßner**, Deutsch-ital. Kunstwörterverzeichnis. — „ . . . welchen Abschlag man die Matricem oder die Mutter zu nennen pfleget, weil er das Modell und die Form ist, worin die Buchstaben häufig, doch einer nach dem andern, können gegossen werden". **Hübners** Natur- u. s. w. Lexicon, Leipzig (1. Aufl. 1712) 1776 s. v. Schriftgießer. — „Matrizen (Abschläge, Matern)". **Täubel** s. v. Schriftschneider. — „Mater, ein Metallstück, welches das Bild eines Buchstabens oder Zeichens vertieft enthält und in welchem der Guß bewerkstelligt wird. Die in der Stereotypie und der Galvanoplastik zur Verwendung kommende Papier-, Gips-, Guttapercha-, Wachs-Mater bezeichnet man mehr mit dem Ausdruck Matrize." **Waldow**, der s. v. Matrize noch anführt: „Matrize benennt man auch die Gießflasche für den Guß der Buchdruckwalzen."

Mediävalschriften (vom lat. mediaevalis d. i. mittelalterlich), der älteste Schnitt der Antiqua und Kursiv, der in neuester Zeit, zuerst in England und Frankreich, wieder in die Mode gekommen ist. **Waldow**.

Messe, Jahrmarkt, bes. der große

Leipziger, der zweimal im Jahr, um Ostern und um Michaelis, stattfindet; deswegen in der Druckersprache, selbst in Süddeutschland, auch s. v. w. halbes Jahr. „uf die Meß etwas nicht zahlen können". **Kurf. sächs. Buchdr.-Ordng.** 1606 bei Werther 14. Vgl. ebenda: „Mit Annehmung derer Gesellen, soll es, wie vor Alters gebräuchlich, gehalten werden, daß sie von einem Leipzigischen Marckt biß zum andern angenommen, und keinem, zwischen derselben Zeit, ohne erhebliche Ursachen Urlaub gegeben werde". — „zwischen der Meß, und inner einem halben Jahr". **Nürnberger Buchdr.-Ordng.** 1673 bei Werther 46. — „iede Meß, oder das halbe Jahr". **Augsburger Buchdr.-Ordng.** 1713 bei Werther 495. — Öfter bei **Geßner-Hager**. — Daher: „**Meß-besoldung**, wird dasjenige Geld genennet, welches ein Geselle von einer Messe bis zur andern bey dem Herrn stehen läßt." **Geßner-Hager**. — „Denen Gesellen ist in einer jeden Messe ein **Meß-Feyertag** verordnet / den mögen sie feyren welchen Tag sie wollen." **Schmatz. Geßner-Hager** I 2) 248.

Metteur (franz., genauer metteur en pages, der ‚Seiteneinrichter'), derjenige Setzer, welcher die Oberleitung über die Herstellung des von mehreren Setzern ausgeführten glatten Satzes hat und dessen Hauptaufgabe in dem Umbrechen (s. d.) besteht, der aber auch feststellen muß, wieviel jeder Setzer an Satz geliefert hat, und meistens die Auszahlung des Verdienstes an die Setzer übernimmt. **Waldow**.

Midoline (auch „Middoline", von engl. middle d. i. in der Mitte befindlich?), eine die Formen der Fraktur und Antiqua in sich vereinigende Titelschrift. **Waldow**.

Mignon (franz., ‚allerliebst'). „Mignon-Antiqua und Cursiv, von andern Jungfernschrift geheissen", zwischen Petit und Nonpareille in **Hübners** Natur- u. s. w. Lexicon, Leipzig (1. Aufl. 1712) 1776 s. v. Schriftgießer. — „M., in einigen Druckereien üblicher Name für Kolonel (s. d.)." **Waldow**.

Missal (lat.), ein zwischen Sabon und Kanon liegender, in grobe und kleine Missal unterschiedener Schriftgrad von 52—60 bezw. 48—52 Punkten. „M." **Hornschuch** 40. — „Messal". **Ch. Vester**, Löbl. Buchdrucker-Kunst, Halle ca. 1670 (bei **Wolf** II 498). — „M." **Redinger. Thun. Ernesti** 4 (wo M. der Sabon vorangeht). **Geßner-Hager. Täubel. Waldow**. — Der Name scheint daher zu stammen, daß mit diesem Schriftgrad vorzugsweise die Meßbücher gedruckt wurden. Vgl. Jubilaeum Typographorum Lipsiensium 1640, L i j: „Deren so mancherley hin vnd wieder in denen alten Bibliothecken annoch vorhanden / daß man dahero nicht weis / welches in Teutschland das allererste gedruckte Buch gewesen; ausser daß man aus deren Schrifften Namen muthmasset / daß erst die Biblischen vnd Päbstischen Canones vnd Decretales, in des Archi-Cancellarii per Germaniam Regierung vnd Cantzelley-Stadt zu erst mit dem groben vngehobelten **Missal-Canon,** vnd hernach erst etzliche M. Tullii Opera mit der Cicero-Antiqva, als kleinern Schrifft, gekünstelt / vñ wie sie damals geredet / characterisiret worden. Gestalt denn auch die alte Anno 1499. gedruckte Cöllnische Chronicke solches fol. 1312. besaget. In dem Jaire vns Heeren, do men schreyff 1450. do was ein gulden Jair, do began men tzo drucken, ind was dat eyrste Boich, dat men druckde, die Bybel tzo Latyn, ind ward gedruckt mit eynre grover Schrifft, as is die schrifft, dae maen nu **Mysseboicher** mit druckt.“

Mittel, ein zwischen Tertia und Cicero liegender, früher in grobe und kleine M. (die aber nur im Schnitt verschieden waren) unterschiedener Schriftgrad von 14 Punkten. „M.“ **Hornschuch** 42. **Gveintz.** (**Harsdörffer,**) Gesprächspiele, Teil IV, Nürnberg 1644, S. 411. **Redinger. Thun. Ernesti** 8. — „Mittel-Schrift, hat ohne Zweifel den Namen daher, weil sie in der Größe zwischen der Tertia und Cicero die mittelste ist.“ **Geßner-Hager.** Vgl. **Pater** 27. — „M.“ **Täubel. Waldow.** — Sieh auch: Postillschrift.

Mittelsteg, der die Mitte der Form von oben nach unten bezeichnende Steg. **Vietor. Geßner-Hager. Täubel** s. v. Stege. **Waldow** s. v. Formatmachen.

Mittelstrichlein s. Divis.

Mönchsbogen oder geradezu **Mönch**, frühere, auf einem Vergleich mit der Tonsur[1] der Mönche beruhende Bezeichnung für einen mit weißen oder bleichen Stellen abgedruckten Bogen. „Ja manchmal ist wohl gar ein kahler Münch zu spühren“. **Vergleichg. d. menschl. Lebens mit d. Buchdr.** b. Ernesti. — „Mönchbogen, heißt man einen solchen abgedruckten Bogen, da eine, oder etliche Columnen aus Versehen mit den Ballen gar nicht getroffen worden, und also weiß bleiben. Man nennet es auch einen **Mönchschlag.**“ **Geßner-Hager.** — „Mönch, oder ein Bogen der nur auf einer Seite gedruckt, un monaco, un cieco foglio.“ **Geßner**, Deutsch-ital. Kunstwörterverzeichnis. — „Mönch, Moine. Ders., Deutsch-franz. Kunstwörterverzeichnis. — „Mönchsbogen, nennt man in den Buchdruckereyen einen Bogen, der nicht deutlich und ganz unleserlich abgedruckt ist, oder wovon entweder die eine ganze Seite oder die Hälfte davon ganz weiß geblieben, oder auf welchem der Drucker die andere Forme zu drucken vergessen, oder beym Drucken die Farbe mit den Ballen auf die Forme zu tragen vergessen (oder wie man sagt: **einen Mönch geschlagen**) und solchen dennoch aus Versehen abgedruckt hat.“ **Täubel.** — „Mönche schlagen“. **Waldow.**

Mönchsschrift, die älteste, den Schrift-

[1] Dieselbe Anschauung liegt in der Gaunersprache der Benennung des Geistlichen mit „Galach“ zu Grunde, das aus dem Hebräischen stammt und s. v. w. der Kahle bedeutet (גָּלַח = kahl sein).

zügen der Mönche nachgebildete Druckschrift, die sich allmählich zur Fraktur entwickelte, worauf in lateinischen Werken die Antiqua angewandt wurde. „. . . liber de Numerorum doctrina, vernaculo idiomate, a primo Lipsiensium typographo anno 1480. editus, unius duntaxat generis typis, nempe Latinis, antiquis illis et impolitioribus, quos Münch-Schrifft vocant, expressus est." **Pater** 59. — „Mönchschrift". **Geßner-Hager** I 1) 62. — „M." **Waldow** s. v. Antiqua.

Mondsbruche, die 4 Kalenderzeichen für Neumond, erstes Viertel, Vollmond und letztes Viertel. **Ernesti** 41.

Mordgeschichtsdrucker. „Lieder- oder Mordgeschichts-Drucker, imprimeur des Factums." **Geßner**, Deutsch-franz. Kunstwörterverzeichnis s. v. Drucker. — „Mährlein- Mordgeschicht-Drucker". Ders., Deutsch-ital. Kunstwörterverz.

mundieren (lat.), reinigen, abputzen. „Mundiren, ein Schriftgießer-Ausdruck. Wenn die Buchstaben beym Gießen an den Köpfen ausgeschossen sind . . .; so wird das ausgeschossene Metall oder der Bart derselben mit einem Schneidemesser abgeputzt oder gleichsam von deren Maule weggeschnitten; daher ist der Nahme: M. entstanden." **Täubel.** [Es scheint beinahe so, als ob T. „m." von „Mund" abgeleitet habe!]

musiert (lat. musivus, also eigtl.: wie Mosaik verziert). „typi emblematici, aut variis ductibus quasi vermiculati, **mußirte Buchstaben** operae vocant". **Pater** 39. — „Kleine und mußirte Mißal", „neue und grosse Canon Mußirte", „grosse Canon und Mußirte" u. s. w. Ders. 40 f. — „Buchstabe, ein musirter". **Geßner**, Deutsch-franz. Kunstwörterverzeichnis. — „Buchstabe, ein musirter, verzierter". **Täubel**, Deutsch-franz. Kunstwörterverz. — „Moussiert [sic!] nennt man die durch Schraffierungen oder durch angefügte Linien verzierten Schriften." **Waldow.**

Mutter s. Mater.

Mütterlein. „Cochlea, κοχλίας (Mütterlein)". Jo. Henr. Alstedii Encyclopaedia 1630 bei Wolf II 1054. — „M." **Gveinz.** — „M., ist nichts anders, als was wir oben unter dem Wort **Mater** [s. d.] beschrieben haben, nur mit dem Unterschied, daß dieses kleiner ist." **Geßner-Hager.**

Nachdruck. 1. „N., ein neuer Abdruck von einem Buche, oder eine neue Auflage von Wort zu Wort." **Täubel.** — Oder: „N., der wiederholte Druck einer Arbeit, sei es, daß die erste Auflage nicht ausreichte, oder weil bezüglich der Höhe derselben ein Irrtum in der Druckerei vorkam oder aber ein sonstiger Fehler passierte." **Waldow.**

2. der unbefugte Abdruck eines bereits vorhandenen Werkes (**Waldow**). Schon **Luther** klagt in der „Warnung über den Wittenbergischen Bibel-Druck" darüber, „daß andere flugs balde **hernach drucken**" (Wolf II 438). Desgl. spricht

Arnold Mengering († 1647) im Scrutinium conscientiae I 11, 139 von dem „schändlichen und Diebssüchtigen N." (Wolf II 542). **Pater** nennt ihn S. 99 den „räuberischen N." und 112 den „verdamten N." u. zählt am letztern Orte die den Nachdruckern von andern beigelegten Ehrentitel auf: „des Satans Nacht-Eulen, wilde Bienen / oder Hummeln, und ein böses Vieh / welches das Futter aus fremder Krippe frißet". — „Buchdrucker betrügen: . . . Wenn sie es mit betrügerischen Buchhändlern halten, und um dieser und auch ihres eigenen Nutzens willen, Bücher, welche andere mit grossen Kosten verleget, ingeheim und wol unter verdeckten Namen und Orte wissentlich nachdrucken." **Hönn**, Betrugs-Lexicon (1720. 1730) 1753 S. 88. — Derselbe gebraucht „nachdrucken" auch in der Bedeutung von: „einen heimlichen **Nachschuß** [s. d. sub 2.] thun", wie er diese Handlungsweise S. 260 s. v. Kupferdrucker nennt (während er in dem angehängten „Mittel" wieder von „betrügerischem Nachdrucken" spricht). „Buchdrucker betrügen: . . . Wenn sie von Büchern einige Exemplaria vor sich heimlich **nachdrucken**, und solche wider Wissen und Willen des Verlegers, diesem zu Schaden, an solche Leute, wo sie gedencken, daß es nicht an Tag komme, verstechen oder verkaufen". **Hönn** a. a. O. S. 87. — „N. der Bücher". **Geßner-Hager. Täubel.**

Nachschuß. 1. „N., wird dasjenige genannt, so der Verleger über die ordentliche Auflage legen läst, als zu 1000. Auflage gemeiniglich 1. Buch, zu 1500. hingegen 2. Buch." **Geßner-Hager**, der des weitern auf „Zuschuß" [s. d.] verweist.

2. „Caveant Typographi, ne contra datam fidem Exemplaria libri alienis sumtibus imprimendi cum alterius damno et jactura, pro se clam imprimant, ac divendant. Exemplaria illa ultra conventum numerum impressa vulgo vocant den Nachschuß." Ahasveri Fritschii Diss. de Typographis, Jen. 1675, cap. VI, n. 12 sq. (bei Wolf II 541). — Den „N." verbietet z. B. die **Danziger Druckereiordnung** vom J. 1684 (bei Pater 53): „Wenn der Autor auf seine eigene Kosten drucken lässet, soll der Drucker gegen Hand und Mund keinen Nachschuß für sich und dem Autori zu Schaden mit einzuschieben . . . befugt seyn." — „N. oder **Überdruck**". **Pater** 109. — „Darauf er [der Verleger] über die ordentliche Auflage einen unbefugten, und bey Druckerey so genannten Diebischen Nachschuß findet." **Werther** 49. — Sieh auch: Nachdruck 2.

Nachsehbogen, der vor dem Fortdrucken abgezogene Bogen, auf dem die Güte des Drucks geprüft und auch ermittelt wird, ob alle in der Revision gezeichneten Fehler vom Setzer in der Form berichtigt worden sind. **Waldow.**

Namenstagegeld od. kurz **Namen.** „. . . sollen die Gesellen ihre Introitus und Namen, auch andere Vortheile [s. d.] zusammen sparen." **Kurf. sächs. Buchdr.-Ordng.** 1606 bei Werther 15.—Namenstage-, Cornuten-Geld, Introitus ɔc.". Geßner-Hager s. v. Buchdrucker-Vortheil.

netzen s. anfeuchten.

Nonpareille (franz., ‚unvergleichlich'), ein zwischen Kolonel und Perl liegender Schriftgrad von 6 Punkten. „Nomprel". Namen der Schriften aus Zesens Lobrede (1642) bei Thun. — „Non-pareil". (Harsdörffer,) Gesprächspiele, Teil IV, Nürnberg 1644, S. 412. — „Nonpareil". Redinger. — „Minimus omnium tenuissimusque typorum character Homperilia itemque Nonparel, sive Nunpateil a peritis in hac arte dicitur. Diu post initia artis impressoriae illius usus invaluit; et cum admodum exilis sit, et tamen nitidus et expressus, argenteus hinc vulgo appellatur, ac a plurimis ex pretioso hoc metallo conflatus esse creditur." Pater 37. — „Nonpareille". Ernesti 2. — „Nonparel, . . . man nennet sie auch wegen ihrer Schärffe Silber-Schrift". Geßner-Hager. — „Nomparel" und „Nonparell". Geßner. — „Nompareil". Täubel s. v. Schriften. — „Nonpareille". Waldow.

Norm (lat.). „N., wird bey Büchern, welche aus mehrern Bänden bestehen, auf die erste Columne eines jeden Bogens unten links an die Ecke gesetzt, damit man weiß, zu welchem Bande ein solcher Bogen gehört. Der Nahme des Buches und seines Bandes muß abgekürzt und aus einer kleinern Schrift gesetzt werden. Manche unwissende Setzer nennen ihn [sic!] den Wurm, dieß ist aber falsch; sein Nahme kommt her von dem lat. Worte norma, Richtschnur, Regel." Täubel. — Geßner-Hager hat nur „Wurm". — Waldow beschränkt den Ausdruck nicht auf mehrbändige Bücher, sondern sagt: „N. ist der abgekürzte Titel eines Buches, welcher am äußersten linken Ende der ersten Seite eines jeden Bogens steht."

Notabene (lat., ‚merke wohl'). Die Abkürzung „NB." bei Geßner 425 u. ö., welcher auch „Nota" (ohne bene) u. „Not." hat. — „Nota bene, merks wohl, nimms wohl in Acht; wird also NB. geschrieben". Hübners Natur- u. s. w. Lexicon (1. Aufl. 1712), Leipzig 1776 S. 1591. —

„Und wo [im Manuskript] Zusammenhang und Ordnung außen bleiben,
Dahin wird er gewiß ein Notabene schreiben."

Ruhm eines Schriftsetzers bei Täubel. — In übertragener Bedeutung:

„Die war vor andern nett, galant, manierlich, schöne,
Drum machte die natur bey ihr ein nota benè,
Sie legte gantz subtil ein pünctgen auf das kinn."

Hofmannswaldaus u. anderer Gedichte, Teil VI, Lpz. 1731, S. 32.

Note (lat.). 1. = Anmerkung unter dem Text, in kleinerer Schrift als derselbe. Geßner-Hager s. v. Creutzgen. — „die unter der Columne befindlichen Noten oder Anmerckungen". Geßner 372. — „N." Täubel. Waldow. — Man sagt auch: „Fußnote".

2. = Musiknote. **Geßner-Hager.** — **Geßner** 141. — **Täubel** s. v. Musiknoten-Druck. — **Waldow.**

Oberältester s. Ladenvater.

Offizin (lat. officina) s. Buchdruckerei.

Ohr, der an beiden Seiten oder nur einer Seite vorspringende Teil der Setzlinie, welcher das Handhaben derselben erleichtert. **Waldow.**

Oktav (lat.), dasjenige Format, bei welchem der Bogen in ‚acht' Blätter gebrochen ist, das also 16 Seiten hat. „in octavo". **Hornschuch. Vietor.** — „Octav". **Geßner-Hager. Täubel.** — „O." **Waldow.**

Ölbrot s. abkreischen.

Ölschlange s. Schlange.

Pagina (lat.), Seitenzahl. „paginae, **Blat-Seiten**". **Pater** 14. — „P." **Geßner** 369. 375. — **Waldow** verweist auf Kolumnentitel (s. d.). — Daher: **paginieren**, mit einer Seitenzahl versehen. „eine Columne paginiren". **Täubel** II, Formatlehre. — „Der Ausdruck p. wird speziell für das Aufdrucken fortlaufender oder gleicher Seitenzahlen auf den sich gegenüberstehenden Seiten von Geschäfts- (Konto-) Büchern angewendet. **Waldow.**

Paketsatz (von franz. paquet d. i. Stück). „Unter P. versteht man glatten Satz, welchen eine beliebige Anzahl Setzer (**Paketsetzer**) in Stücken liefert und der Metteur umbricht." **Waldow**, der auch die deutschen Ausdrücke „**Stücksatz**" und „**Stücksetzer**" hat. — Sieh auch: Spalten setzen.

Papier feuchten s. anfeuchten.

Papier umschlagen s. umschlagen 1.

Papst, frühere Benennung eines der Textschrift nahestehenden Schriftgrades in Fraktur. „Grobe Fractur Papst" [in der 1. Ausg.: „G. F. Bapsts"] steht bei **Hornschuch** 45 zwischen „Fibel- oder Donatschrifft" [in der 1. Ausg.: „Bibel- oder Textschrifft"] und „Tertia Fractur". [In der 1. Ausg. auch: „Mittel Fractur Bapsts".] — „Pabst Text / oder Teuerdank". (**Harsdörffer,**) Gesprächspiele, Teil IV, Nürnberg 1644, S. 410. — „Parangon Gebrochene [d. i. Fraktur], Pabst oder Grobe Gruse". **Gütner** 1661 bei Wolf II 418.

Paragraph (lat., aus dem Griech., ‚daneben geschrieben'), Absatz, kleiner Abschnitt. „Wenn ein neuer Paragraphus angehen soll, wird solches mit einem § angemerket." **Ernesti** zu S. 48; auf der Rückseite heißt es: „Wenn kein Absatz seyn soll", u. s. w. — „Paragraphus". **Geßner** 371. — „Articul oder Paragraphus". **Ders.** 377. 394. — Auch das Zeichen §: „P." **Täubel** s. v. Puncturen. — Verdeutscht: „**Schriftzeichen.**" **Geßner**, Deutsch-ital. Kunstwörterverz. „**Absatzzeichen**". **Täubel** ebd. s. v. Schriftz.

Parangon (franz., vom span. parangona d. i. eigtl. Vergleichung, Muster; vgl. engl. paragon), frühere Benennung eines zwischen Text und Tertia liegenden Schriftgrades. „Parangon". (**Harsdörffer,**) Gesprächspiele, Teil IV, Nürnberg 1644, S. 411. **Gütner** 1661 bei Wolf II 418. — „Parangon Italis [?] dictus, nostris secundus [character]". **Pater**

25. — „Parangon“. **Ernesti** 7 ff. — „Parragon“. **Geßner-Hager** I 2) Beil. I zu 160. — „Parangon“. **Geßner. Täubel** II, Anhang. — Sieh auch: Sekunda.

Parenthese (lat., aus dem Griech.). „parenthesis“ für die runden Klammern schon bei **Jak. Mentel** 1650 (s. Interpunktion). — Verdeutscht: „**Einschluß**“. **Harsdörffer** 1644. — „Parenthesis, wird dasjenige genannt, wenn ich etwas in einer Rede einschließen will ...“ **Geßner-Hager.** — „**Einschlußzeichen**, oder Parentheses, sind halbzirkelförmige oder bogenförmige Striche nähmlich ( ) und werden gebraucht, um einen Zwischensatz oder ein eingeschobenes Wort vom übrigen Texte zu unterscheiden.“ **Täubel.** — „P., die ein Wort oder einen Satz einschließenden Klammern.“ **Waldow.** — In der Druckersprache werden jetzt gewöhnlich die „Parenthesen“ d. i. die runden Klammern ( ) von den „eckigen Klammern“ [ ] unterschieden (**Schwarz**, Typogr. Allerlei, 2. A. 1898 S. 39).

Passage (franz.). „P.“ **Geßner** 162. — „ganze Passagen oder lange Stellen“. **Täubel** s. v. Durchschießen (der Wörter) u. ö.

Patentformat (lat.), ein großes Format, wie es zu einem „Patente“ (**Pater** 109), dann auch zu einem Festgedicht („Patent-Verse“ **Geßner** 381) gebraucht wurde. „Patent“. **Vietor.** — „P.-F.“ **Ernesti** 60. — „in forma patente gedruckt“. **Geßner-Hager** III 122. — „Dieses sogenannte P.-F. wird auch von den Franzosen **Placard-Format** [d. i. Plakat-F.] genannt.“ **Täubel** II, Formatlehre; auch s. v. Keilrahmen.

Patrize (nach Analogie von „Matrize“ gebildet) s. Stempel.

Patrone (lat.). „Patronen ... heissen in Druckereien entweder die langen und schmalen Stücke von Pappendeckel, welche an den Enden der Formen herum geleget werden, damit der Rand des Papieres neben der Schrifft im Abdruck nicht maculiret werde, oder das Papier, so zu eben diesem Ende an das Rämlein gekleistert wird.“ **Ernesti** e 1 (zur Erklärung der Worte „patronarum formarumque concordia et proportione impressus“, welche sich am Schlusse von Francisci de Retza Comestorium vitiorum, Nurembergae 1470 befinden). —

„Sind die Patronen gut, und
alles wohl bedeckt,
Weil sonst die Forme leicht, was
weiß seyn soll, befleckt.“

H. A. Wildenhayn, Ehrengedicht, bei Geßner, Anhang S. 82. — „P.“ (zum Illuminieren der Holzschnitte). **Geßner-Hager** s. v. Flaser.

Perl, ein zwischen Nonpareille und Diamant liegender Schriftgrad von 5 Punkten. „P.“ und „die feine Perl-Schrifft“. Namen der Schriften aus Zesens Lobrede (1642), bei **Thun.** — „Perlen Schwabacher“. **Pater** 57. — „Perlen Fractur“. **Ernesti** 2. — „Perl“. **Geßner-Hager**, der sie die kleinste aller Schriften nennt. — „P.“ **Täubel. Waldow.**

Petit (franz., ‚klein‘), ein zwischen

Borgis und Kolonel liegender Schriftgrad von 8 Punkten. „P." **Gveinz.** (**Harsdörffer,**) **Gesprächspiele,** Teil IV, Nürnberg 1644, S. 412. **Gütner** 1661 bei **Wolf** II 418. **Ch. Vester,** Löbl. Buchdrucker-Kunst, Halle ca. 1670 (bei **Wolf** II 499). **Redinger,** der auch grobe P. hat. **Vergleichg. d. menschl. Lebens mit d. Buchdr.** bei **Ernesti. Pater** 36. **Thun. Ernesti** 2, der grobe und kleine P. unterscheidet. — „Petit-Schrift". **Geßner-Hager.** — „P." **Geßner. Täubel. Waldow.** — Früher auch „Jungfer" (s. d.) genannt.

Pfaffe s. Deposition.

Pfännchen, ein Teil der Buchdruckholzpresse. „Pfännichen". **Ch. Vester,** Löbl. Buchdrucker-Kunst, Halle ca. 1670 (bei **Wolf** II 497). — „Pfänngen, ist insgemein von Stahl, worinnen der Zapfen von der Spindel gehet." **Geßner-Hager.** — „das auf der Mitte des Tiegels liegende und in denselben eingesenkte stählerne Pf." **Täubel** s. v. Drucker-Instrumente.

Pfanne s. Gießpfanne.

Pincette (franz.), eine kleine Zange, deren sich der Setzer beim Korrigieren bedient. **Waldow** s. v. Korrektur 2.

Placardformat s. Patentformat.

Plakatschriften (von lat. placatum d. i. Anschlagzettel in größerem Format), alle großen Schriftgrade von 4 Cicero an aufwärts. **Waldow.**

plan (lat., ‚eben'), Ggs.: gespalten (s. d.).

Porks s. Korpus.

porös (franz., eigtl. mit Zwischenräumen od. kleinen Öffnungen versehen). poröser Satz, schlecht ausgegossener Maschinensatz. **Allg. Anzeiger f. Druckereien** 1900 Nr. 7.

Posselierer („Bossalierer, Bosselierer, Bosseler" wird im Deutschen Wörterbuche s. v. Bossel erklärt durch „Hausknecht, der sich zu allen geringen Arbeiten brauchen lassen muß" und auf „Aschenputtel" hingewiesen; ferner wird ebenda s. v. Possel „der jung Possel" d. i. Knecht aus einer Schrift von 1612 angeführt; — vgl. auch „Pussel" und niederdeutsch „pöseln" d. i. grobe, schmutzige Arbeit verrichten). „Posselirer" werden unter den Gesellen Anton Kobergers angeführt in **Joh. Neudörffers** Nachrichten von den vornehmsten Künstlern und Werkleuten so in Nürnberg gelebt haben 1546 (bei **Ernesti** e 2). — „Poßlierer, Boßlierer" in der **Frankfurter Buchdr.-Ordng.** 1563 (im Archiv f. Gesch. d. deutschen Buchhandels VI 270 f.). — „Possilierer" in der **Straßburger Polizei-Ordng. über die Drucker** 1628 (ebenda V 111). — „Kein Geselle soll sich unterstehen, dem Drucker seine Poßilirer und Jungen zu verführen, . . ." **Erneuerte Frankfurter Buchdr.-Ordng.** 1660 bei **Werther** 37. — Dieselbe Buchdr.-Ordng. wird auch citiert in **Adrian Beiers Handlungs-Kunst-Berg- und Handwercks-Lexicon,** Jena 1722, wo es heißt: „Poßilirer. Sind Lehr-Knaben bey denen Buchdruckern." Genauer dürfte P. der noch nicht zum Gesellen gemachte

Ausgelernte, also s. v. w. Kornut sein [1].

Postillschrift, frühere Benennung eines Schriftgrades, mit welchem zuerst die Postillen gedruckt wurden. „PostillSchrifft" steht bei Hornschuch 45 zwischen „Tertia Fractur" und „Grobe Mittel Fractur" [in der 1. Ausg. zw. „Mittel Fractur Bapsts" u. „Mittel Fractur"]. — „Grobe Mittel Schwabacher oder Postillschrift". (Harsdörffer,) Gesprächspiele, Teil IV, Nürnberg 1644, S. 411.

Postulat, postulieren (lat., ‚fordern', näml. die Aufnahme unter die Gesellen; vgl. Forderthaler). „Auch soll einem, so bald er ausgelernet, seine Besoldung, gleich einem Gesellen, werden, und uf die erste Zusammenkunfft soll er sich bey dem Fisco oder Laden angeben, neben seinem Herrn, da er gelernet, und angeloben, sein Postulat zu verschencken, da ihm denn sein Herr wöchentlich über 3. Gr[oschen] nicht heraus geben soll, biß er das Geld zum Postulat verdienet." Kurf. sächs. Buchdr.-Ordng. 1606 bei Werther 18. — Der Ausgelernte mußte beim Ladenvater (s. d.) um das Postulat nachsuchen, worauf derselbe den Tag alsobald festsetzte, „ohne Nachwarten, biß derer Postulanten mehr sich angeben". Entscheidung des Leipziger Rats wegen Verschenkung der Postulate vom 28. Nov. 1704 bei Werther 193. Dann sollte das Postulat „nach Gewohnheit und üblichen Herkommen", jedoch ohne Deposition [s. d.] u. andere ärgerliche u. verbothene Ceremonien, vorgenommen u. verbracht werden". Ebenda. — Für „sein (das) Postulat verschenken" — mit dem Zusatz: „(bei) der ganzen Gesellschaft" oder „bei Herrn . . . (seinem Lehrherrn)" oder „in einer Druckerei" — sagte man kurz „postulieren", auch „postuliert werden"; der Betreffende hieß „Postulant" oder „Postulierender" oder (im Jubilaeum Typographorum Lipsiensium 1640 B i j) „Postulierer", auch „Postuland" und „Postulierter" (auf Titeln von Postulatgedichten im 18. Jahrh.). — „Postuliren, heißt man denjenigen eingeführten Gebrauch bey den Buchdruckern, wenn sie einen Cornuten, nachdem er vorhero bey einer Gesellschaft darum gebührend angehalten, zum Gesellen machen und bestätigen". Geßner-Hager. — Über den Ausdruck „verschenken" sagt Adrian Beiers Handlungs- u. s. w. Lexicon, Jena 1722: „Bey denen Handwercks-Gesellen heisset: Seinen Jünger Nahmen verschencken / so viel / als verwechslen / sich gegen ein Schmäußgen zum Gesellen sprechen lassen". Vgl. dazu „ausschenken" (s. d.) und „Verschenkung des Kindes" (s. Braut).

Postulatvater. „P., wird derjenige genennet, bey welchem ein Postulat verrichtet wird. Er muß Sorge tragen, daß die darzu gehörigen Personen mit Speiß und Tranck

[1] In Nürnberg nannte man die unterste Stufe der Bäckergesellen „Posler" (Hübners Natur- u. s. w. Lexicon, Leipzig [1. Aufl. 1712] 1776 s. v. Becker).

6*

versehen werden. Ohne einem P. kan kein Postulat vor sich gehen. In Ermangelung eines Zeugen kan er dessen Stelle vertreten." **Geßner-Hager.**

prenten s. drucken.

Presse (lat.). „... so war die Preß auch Hültzin / vnd wie ein Trott [d. i. Kelter] / **damit man allerhand Safft außtrottet** / formiret". **Dan. Specklin**, Straßburger Chronik, beim Jahre 1440 (im „Bericht Von Erfindung Der BuchTruckerey In Straßburg" 1640 D i i j). — „die Pressen". **Der Edle Greiff** b. Hornschuch. — „Presse". **Gveintz.** — „Druckpreß". (**Harsdörffer**,) Gesprächspiele, Teil IV, Nürnberg 1644, S. 408. — „Preß". **Vietor.** — „Buchdrucker-Preß" u. bloß „Preße". **Pater** 56. 97. 98. — „nachdem besagtes Buch aus der Preße kommen". **Ders.** 114. — „P." **Geßner-Hager.** — „P., Buchdruckerpresse". **Täubel.** — **Waldow** verweist unter „Buchdruckpresse" wie unter „P." auf Handpresse und Schnellpresse.

Preßmeister. „P., wird bey Buchdruckereyen derjenige Gesell genennet, welcher die Mängel der Presse verbessert, ingleichen selbige errichtet." **Geßner-Hager.** — „Zubereiter, P." **Geßner** u. **Täubel** in den deutsch-ital. Kunstwörterverzeichnissen. — „Der P. ist für das Zurichten [s. d.] und für die Arbeiten am Deckel und dessen immer gute Beschaffenheit ... besorgt". **Täubel** s. v. Ballenmeister. — Nach **Waldow** s. v. Am Deckel stehen hatte der „am Deckel stehende" P. die Bogen auf den Deckel zu legen (einzustechen), zu ziehen und wieder auszulegen.

Preßrevision s. revidieren.

Prime (lat., ‚die erste'). „Dannenhero von der primâ (die vnten der eintzele Buchstabe anzeiget) das lesen angefangen wird: Im Widerdruck von der secundâ." **Hornschuch** 16. — „Prima". **Geßner-Hager** s. v. Wurm. — „Prime". **Täubel.** — „P., die erste oder äußere Form eines Bogens, d. h. diejenige Bogenseite, auf welcher sich die erste Kolumne mit Norm und Signatur oder bloß mit der letztern befindet". **Waldow.** — Daher: **Primentafel**, welche die erste Seitenzahl eines jeden Bogens in den gangbarsten Formaten nachweist. **Täubel. Waldow.**

Principal (franz., ‚fürstlich'), der drittgrößte Schriftgrad unter den „Teutschen Schrifften" bei **Ernesti** 4.

Prinz (lat. princeps, ‚der Erste'). 1. „1640. verschenckte er zu Leipzig sein Postulatum, und wurde, als der erste unter seinen Competitoren, zum Gesellen und zugleich zum Printz der löblichen Kunst erkläret und gemacht." **Geßner-Hager** IV 110.

2. Prinzipal, Buchdruckerherr. „Printz". Zweimal im Depositionsspiel v. 1621 (Gaedertz in den Akad. Blättern 444). — „Printzen vnd Gesellen". Öfter im Jubilaeum Typographorum Lipsiensium 1640[1].

[1] Vgl. **Adrian Beiers** Handlungs-Kunst- Berg- und Handwercks-Lexicon, Jena 1722: „**Lehr-Printzen.** Daß die Trompeter bis Praedicat sich nehmen und von ihren Unter-

Punkt (lat.) s. Interpunktion.

Punktierer, die das (Einlegen und) Punktieren (s. Punktur 1.) der Bogen bei der Schnellpresse besorgende Person. **Waldow.**

Punktur (lat., ‚Stich'). 1. „Puncturen". **Gveinz.** — „Feucht Papier sticht er fleissig ein in spitzige Puncturen". **Buchdruckerlied** 17. Jahrh., Str. 9. — „So heist uns doch der Tod in die Puncturen stechen." **Vergleichg. d. menschl. Lebens mit d. Buchdr.** bei Ernesti. — „Puncturen, sind zwey spitzige Eisen an dem Deckel der Buchdruckerpresse, an welche der Bogen eingestochen [punktiert] wird, damit er sich nicht verrücken kan, wenn er über die Forme geschlagen wird." **Geßner-Hager.** — „. . . Sie gleichen einem kleinen Hufeisen mit einem Halse, an dessen Ende die Puncturspitze befestigt ist." **Täubel.** — „P." **Waldow.**

2. „Puncturen, nennen auch die Schriftgießer folgende Buchstaben, welche sie bey jeder Schrift hinter einander gießen: Punct, Comma, Doppelpunct, [Semicolon,] Ausrufungszeichen, Fragezeichen, Einschlußzeichen, Paragraph, Apostroph, Kreuzchen, Sternchen." **Täubel.**

Punzen. „Die Bunzen thet er [Peter Schöffer] in Stahl grabn / Zu allen bräuchlichen Buchstabn". **Der Edle Greiff** bei Hornschuch 119. — „Ponzen". **Rist** 1652 (Gaedertz in den Akad. Blättern 391). — „Punzen, Contra-Punzen, oder Stempel, bedienet sich der Stahlschneider, welche er nach denen Buchstaben, so er machen will, vorher darzu verfertiget . . ." **Geßner-Hager.** — „Zu den im Buchstaben vorkommenden weißen Stellen verfertigt er Contrapunzen, welche an ihren Spitzen so gearbeitet sind, daß ihre Figur, wenn die Punze in die gerade und glatte Oberfläche des Stempels senkrecht eingetrieben wird, auf derselben die Gestalt der verlangten Vertiefung bildet, welche die weißen Stellen in dem Buchstaben, wenn er abgedruckt ist, erzeugen." **Täubel** s. v. Schriftschneider. — „Bunzen, jeder weiße Raum im gedruckten Buchstabenbild, jede Vertiefung desselben im Stempel, und jede Erhöhung des Buchstabenbildes in der Mater." **Waldow.** — „Bunzenstempel, auch **Kontrastempel**, diejenigen Hülfsstempel, welche sich der Stempelschneider teils zur schnellern, teils zur harmonischern Herstellung der eigentlichen Stempel anfertigt." **Ders.**

Putzen. „So wird das ganze Blat mit P. überstreut". **Vergleichg. d. menschl. Lebens mit d. Buchdr.** b. Ernesti. — „P." **Pater** 107. — „Unreinigkeiten, so von den Ballen, (wenn solche nicht reine geputzt werden,) auf die Forme gebracht werden, werden P. genennet."

---

gebenen auch geben lassen / ist alleweile da gewesen. Es mögen aber auch die Barbirer / wiewohl nur etlicher Orten / Dergleichen gebrauchen / je nach dem Lateinischen / daß sie bey ihren Stuben die Principalen / nicht aber teutsch zu reden / Printzen wären." — Auch in der Jägersprache giebt es „Lehrprinzen".

Geßner-Hager II. — „P. heißt, wenn ein Buchstabe zu viel Farbe bekommt und zu voll wird.“ **Hübners** Natur- u. s. w. Lexicon, Leipzig (1. Aufl. 1712) 1776 s. v. Buchdruckerkunst. — „P.“ **Täubel**, Deutsch-franz. Kunstwörterverzeichnis. — „P. nennt der Buchdrucker die Vollfüllung der Buchstaben mit Farbe, infolgedessen z. B. die Köpfe des e im Druck voll erscheinen. Es kommt aber auch vor, daß dieses Vollwerden nicht durch Farbe, sondern durch zu flache Bunzen entsteht.“ **Waldow.**

Quadrat (lat.). „die quadraten“. **Hornschuch** 19. — „die Quadraten in die mitte der Form legen“. **Vietor** 33. — „Quadraten, eine ins gevierdte gegossene Figur, welche bey Schriften unentbehrlich, weil man damit den Ausgang einer Zeile ausschließet, sie sind niedriger am Guß, als die Schrift an sich selbst ist.“ **Geßner-Hager**, der auch „gevierdte, halbe gevierdte und **Schließ-Quadrätgen**“ anführt. — „zwischen jede Zeile eine Quadratzeile setzen“. **Täubel** s. v. Durchschießen, wo er sie auch „Quadrätchen“ nennt. — „ein Quadrate“. **Ders.** s. v. Durchschneiden des Papieres beim Druck. — „um eine Columne herum Quadraten schlagen“. **Ders.** s. v. Einfassen. — „Quadraten, auch Quadrate“. **Waldow.** — Verdeutschung: Geviierte (s. d.). — Sieh auch: Konkordanz 3.

Quadratbuchstabe s. Unciale.

quadräteln. „Q., eine bei den Buchdruckern beliebte Art Würfelspiel, bei dem 4 bis 5 Korpus- oder Cicerogevierte als Würfel dienen und die nach oben zu liegen kommenden Signaturen als Augen zählen.“ **Waldow.**

Quart (lat.), dasjenige Format, bei dem der Bogen in ‚vier‘ Blätter gebrochen ist, also 8 Seiten hat. „in quarto“. **Hornschuch. Vietor.** — „Q.“ **Geßner-Hager. Täubel. Waldow.**

Quaterne (lat.). „Quatern, oder vier in einander gehörige Bögen“ [in folio]. **Vietor** 4. — „Quaterne“. **Geßner-Hager** I 1) 45. 2) 3. **Täubel** II, Formatlehre. — „Quartern“ [Druckfehler statt „Quatern“]. **Waldow** s. v. Folio-Format.

Quersteg s. Kreuzsteg.

Quinterne (lat.). „Q., oder 5. in einander geschlagene Bogen Pappier . . . . Quintern machen . . .“ **Geßner**, Deutsch-ital. Kunstwörterverzeichnis. — „Q.“ **Täubel** II, Formatlehre.

quirlen. „Q. heißt das Durcheinandergeraten von Buchstaben der einen Zeile mit denen einer darüber oder darunter stehenden.“ **Waldow.**

Rähmchen. „das Rämchen wol verwahren / damit sich das Papier am gedruckten Theil nicht maculire“. **Vietor** 33. — „das ober Rämelein“. **Buchdruckerlied** 17. Jahrh., Str. 9. — „. . . muß der Drucker das Rähmlein so verwahren, damit das Papier nicht bemackelt werde“. **Ernesti** 121. — „Rähmgen, ist . . . ein eiserner Rahm an dem Deckel mit zwey Gewinden angemacht, welches die gedruckten Bogen fest hält, damit selbige bey Niederlegung des Deckels nicht herausfallen können. Das Eisen wird mit Papier umkleistert und nach der im Fundament liegenden Forme gleich ausgeschnitten, damit dasjenige weiß bleibet, wo keine Littern, oder Schrift hinkommen soll." Geßner-Hager. — „Das R. wird auf beyden Seiten mit Schreibpapier-Maculatur überzogen. Wenn dieser Ueberzug trocken ist, muß der Drucker gerade hölzerne dünne sogenannte auf das zu druckende Format passende Rähmchenstege durch den Ueberzug stecken, und in demselben befestigen." Täubel s. v. Rähmchen überziehen. — Waldow s. v. Handpresse o.

Rahme (ältere Nebenform zu „Rahmen"). „die Ram" aus dem J. 1513, bei K. Stehlin, Regesten zur Gesch. des Buchdrucks S. 45. Desgl. „Ram". Jo. Henr. Alstedii Encyclopaedia 1630 (bei Wolf II 1054). —

„Mit einer Rahm schleust [der Setzer] es zu Hauff /
Daß nicht ein Buchstab von dem alln
Sich kan bewegen / vnd ausfalln."

Der Edle Greiff bei Hornschuch 120 f. — „Ram". Gveintz. Vietor 37. —

„Dann nimt er eine eisern Rahm /
über die Form zu legen /
und schraubt darmit die Schrifft zusam /
kein Buchstab kan sich regen."

Buchdruckerlied 17. Jahrh., Str. 6. — „in einem eisernen Rahmen". Pater 56. — „Form-Rahmen". (Dat. plur.) Ders. 14. — „Rahme, ist ordentlich Leistenwerck, worein etwas eingefasset, aufgespannet, oder damit umgeben wird. Bey Buchdruckereyen ist die Rahm von Eisen und viereckigt gemacht, in welche die Columnen eingesetzt und mit Schrauben zusammen geschlossen werden." Geßner-Hager. — Von dieser „Schraubenrahme" wird die „Keilrahme" (s. d.) schon von Täubel unterschieden. Waldow gedenkt noch der alten „Schraubrahme" s. v. Schließapparat, verweist aber von R. auf „Schließrahme", wie jetzt die fast allein gebräuchliche Keilrahme genannt wird, und giebt dort die Erklärung: „ein aus vier angemessen starken eisernen Wänden gebildeter Rahmen, dient zum Zusammenhalten des eine Form bildenden Schriftsatzes."

Rahmeisen. „Rameisen". Gveintz. — „Rahmeisen, sind die zwey Eisen, so bei den Schrauben liegen und von selbigen zum Antreiben regiret werden, die Forme, oder Schrift, fest zu schrauben". Geßner-Hager. — „R., deren zweye zu einer Schrauben-Rahme [s. Rahme] gehören, und welche von den Schrauben angetrieben werden". Täubel I, Anhang.

Randglossen s. Marginalien.

Räumnadel. „Raumnadel, eine Nadel, oder Drat, womit der Drucker diejenigen Buchstaben ausräumet, die von der Unreinigkeit des Ballens sind hinein gebracht worden." Geßner-Hager. — „Räumnadel ..." Geßner, Deutsch-franz. Kunstwörterverzeichnis. — „Nadel,

Räumnadel, **Ausputznadel**, mit welcher der Drucker die Putzen aus den Buchstaben ausräumt". **Täubel**, Deutsch-ital. Kunstwörterverz.

Real (franz., ‚königlich'). „R." **Ernesti** 3, wo es der zweitgrößte Schriftgrad unter den „Teutschen Schrifften" ist. — „R., Bezeichnung für einen Plakatschriftgrad von etwa 120 Punkten." **Waldow**. — Dafür: „**Regal**" (lat.). (**Harsdörffer**,) Gesprächspiele, Teil IV, Nürnberg 1644, S. 410, wo es der größte Schriftgrad in Fraktur ist und die Buchstaben verziert sind.

Regal. „R." **Der Edle Greiff** bei Hornschuch 120. — „R., ein von Holtz gemachtes Gestelle, worauf die Setzerkästen ruhen." **Geßner-Hager**. — „Setzkasten-R." u. „Schriftkasten-R." **Täubel** s. v. Setzer-Instrumente. — **Waldow** unterscheidet von dem „**Setzregal**, mit pultartigem Oberteil zum Aufstellen des Setzkastens, zumeist auch ganz oder teilweise zum Einstecken der nicht in Benutzung befindlichen Kasten" das „Formenregal" (s. d.).

Register (lat.). 1. Ein „R. vnd Nachweisung aller Materien dieses Büchleins / vnd wo alsbald in eyl ein jeder seine Lection finden mög" [nicht alphabetisch angeordnet] findet sich am Schluß bei **Hornschuch**. — „R. . . ., ist bey einem Buch ein alphabetisches Verzeichniß aller abgehandelten Sachen." **Geßner-Hager**. — Sieh auch: Index.

2. „Registers wegen". **Vietor** 18. —

„Die Form wird nun zur Preß
gebracht
vom Drucker zugerichtet /
wann das Register recht gemacht /
daß ihm nichts werd vernichtet."

Buchdruckerlied 17. Jahrh., Str. 8. — „R. halten, wird von den Buchdruckern erfordert, daß jede Seite, oder Columne, genau mit einander übereinkommen." **Geßner-Hager**. — „die R. suchen". **Ders.** s. v. Zurichten. — „R. suchen". **Geßner** 406. — „Das R. stehet nicht", „R. haben", „das R. ist beständig". **Ders.** 164. — „Das R. steht recht". **Ders.** 415. — „Das R. schlägt vor oder hinein". **Ders.** 416. — „R. suchen, ist ein Ausdruck des Druckers beym Zurichten, und heißt so viel, als die zum Abdrucken eingehobene Widerdrucksforme in der Presse also legen, daß der Abdruck derselben auf den schon abgedruckten Schöndruck genau paßt . . ." **Täubel**. — „Die Columnen halten genau R.", „der Drucker hält das R. genau in den Puncturen", „das R. steht gut", „das R. weicht ab", „das R. schlägt vor", „das R. wieder verrücken". **Ders.** s. v. Drucken. — „Der Drucker hält kein accurates R.; das R. steht nicht,. paßt nicht". **Ders.**, Deutsch-franz. Kunstwörterverzeichnis. — „ein genaues R., d. h. ein Aufeinanderstehen des Schön- und Widerdrucks (der Vorder- und Rückseite eines Druckbogens)". **Waldow** s. v. Punktur.

Reglette (franz.) s. Durchschuß.

Reiber, Reibstein. „Reibestein, nebst dem **Löser**, wird bey Druckung eines rothen Tituls gebraucht, damit der Zinnober unter den Firniß zubereitet wird." **Geßner-Hager.** — „Läufer oder Löser". **Ders.** — „Läuffer, zum Farbestein" und „Reibstein". **Geßner** u. **Täubel** in den deutsch-ital. Kunstwörterverzeichnissen. — „Läufer oder Reiber". **Täubel** s. v. Drucker-Instrumente. — „Farbereiber" (zum An- und Durchreiben der Druckfarben) und „Läufer". **Waldow.**

Reiter, eine kleine Reib- oder Verteilungswalze, welche bei einigen Schnellpressen auf die Auftragwalzen gesetzt wird. **Waldow.**

Respektblatt (von lat. respectus d. i. Rücksicht, Achtung) s. fliegendes Blatt.

revidieren (lat., ‚nachsehen'). Den Lehrjungen „so weit bringen, daß ... auch im corrigiren und revidiren ihm zu vertrauen sey". **Kurf. sächs. Buchdr.-Ordng.** 1606 bei **Werther** 18. — „Revisionsbogen, überreicht der Drucker dem Setzer, ehe er fort drucket, damit er solchen noch einmal genau übersehen möge, ob alles richtig corrigirt sey ..." **Geßner-Hager**, der auch „revidiren" hat. — „Revidirbogen". **Täubel**, der auch „revidiren", „Revision" u. „Revisor" hat. Für den letztern giebt er im deutsch-ital. Kunstwörterverz. die Verdeutschung: „Ueberseher, der Nachseher, einer der die gedruckten Bogen nochmals nachlieset, der revidirt, ob alle Fehler, die der Corrector dem Setzer angezeigt hat, richtig verbessert sind" (s. a. Korrektor). — Da die letzte Revision vom Setzer meist in der Presse oder Maschine selbst ausgeführt wird, heißt sie auch „Preßrevision" (**Waldow**).

Rheinländer. „Reinlender". **Hornschuch** (1. Ausg.) 43. —

„Schwabacher vnd Reinländer seyn
Nicht an alln Orten zu gemein."

Der Edle Greiff bei **Hornschuch** 124. — „Cicero Rh." unter den deutschen Schriften bei **Thun**, der dort außerdem noch „Cicero Schwabacher" u. „Cicero Fractur" anführt. — „Rh." als Nebenbenennung des Schriftgrades „Brevier" bei **Ernesti** 2. — „Descendiain oder Rheinländer Fractur" folgt auf Kleine Cicero bei **Geßner.** — „Grobe und kleine Mittel-Fractur, Mittel-rheinländische und krause Fractur, im Lateinischen Media" u. s. w. werden zusammen angeführt in **Hübners** Natur- u. s. w. Lexicon, Leipzig (1. Aufl. 1712) 1776 s. v. Schriftgießer. — „Rh., Bezeichnung eines jetzt nicht mehr gebräuchlichen Schriftgrades zwischen Korpus und Cicero." **Waldow.**

Rolle s. Walze.

Rollewagen s. Karren.

Roman (lat.), frühere Benennung eines Schriftgrades, der meist zwischen Kanon und Text angegeben wird. „Roman". **Hornschuch** 41 (wo er zwischen Missal und „Cölnische Antiqva" aufgeführt ist). **Gütner** 1661 bei **Wolf** II 418. — „R. oder doppel Mittel und Mußirte". **Pater** 42. — „Doppelte Mittel oder R." **Thun.** — „R." **Ernesti** 6 ff. — „R." **Geßner-Hager** I 2) Beil. I u. III zu 160. — „R." **Täubel** II, Anhang.

Röschen. „Röslein" schon 1573 in der Taxe einer kleinen Leipziger Druckerei, mitgeteilt im Archiv f.

Gesch. des deutschen Buchhandels X 138. — „**Hertzröselein**“. **Der Edle Greiff** bei Hornschuch 124. — „Rößlein“. **Hornschuch** 50. **Vietor. Schmatz.** — „Röselein“. **Gveintz.** — „Allerhand Röslein“. **Ernesti** 134. — „Rößgen, oder Zierrathen .... sie werden vielmahls statt einer Leiste bey Anfang eines Wercks gebraucht, ingleichen auch in Columnen-Tituln, oder sonst etwas auszuzieren, man findet sie auf unterschiedliche Kegel der Schriften gegossen ...“ **Geßner-Hager.** — „Rößlein“. **Geßner**, Deutsch-ital. Kunstwörterverzeichnis. — „Röschen, oder Röseln, nennen die Buchdrucker verschiedene kleine wie Buchstaben gegossene Figuren, von Blumen, Blättern, Zweigen oder andern mathematischen Zügen oder Vorstellungen ...; höchstens sind solche noch zu Einfassungen der Titelcolumnen gebräuchlich.“ **Täubel.**

Rubin, frühere Benennung eines sehr kleinen Schriftgrades, die noch in England (ruby) für den zwischen Nonpareille und Perl liegenden Schriftgrad gilt. „R.“ **Gütner** 1661 bei Wolf II 419. — „Und letztens, welche die kleinste ist, und Rubin-Fractur und Schwabacher, von andern Colonel genannt wird, im Lateinischen Perle Antiqua und Cursiva“. **Hübners** Natur- u. s. w. Lexicon, Leipzig (1. Aufl. 1712) 1776 s. v. Schriftgießer. — Vgl.: Diamant.

Rubrik (lat.). „Atramentum impressorium ..., quod nigrum ....; vel rubrum, ex rubrica. Rubris enim literis olim tituli insigniti, quod adhuc passim in usu (Magius 1. Miscell. c. 14).“ Jac. Bornitius, Tractatus de rerum sufficientia, Frcf. 1625 p. 174 (bei Wolf II 1047). — „Rubric“ s. v. w. roter Titel. **H. A. Wildenhayn**, Ehrengedicht, bei Geßner, Anhang S. 84. — „beym Satz der Ueberschriften (Rubriken)“. **Täubel** s. v. Anfangsbuchstaben. — „die Rubriken des Inhalts [Inhaltsverzeichnisses]“. **Ders.** s. v. Inhalt. — „R., die sonst rot geschriebenen Titel und Überschriften in Büchern“. **Waldow.**

ruhig, von einem Satzbilde, das vollkommen gleichmäßig erscheint und nirgends störend wirkt. Vgl. **Allg. Anzeiger f. Druckereien** 1900 Nr. 9.

Rund-Antiqua. „Runde Antiqua“. **Hornschuch** (1. Ausg.) 37, der sie zwischen „Kleine Canon“ und „Cölnische Antiqua“ stellt. — „R.-A.“ **Strantz**, Postulatgedicht, Schleiz 1716 Anm. bb, wo sie der größte Schriftgrad in A. ist.

Sabon, ein nach dem Frankfurter Schriftgießer Jakob S. (16. Jahrh.) benannter, in grobe und kleine S. unterschiedener Schriftgrad von 60—96 Punkten, der früher meist als der größte geführt wurde. Namen der Schriften, aus Zesens Lobrede (1642), bei Thun. **Redinger. Thun. Ernesti** (der ihn zwischen Missal und Kanon stellt). **Geßner-Hager** I 2) 146. **Geßner. Hübners** Natur- u. s. w. Lexicon, Leipzig (1. Aufl. 1712) 1776 s. v. Schriftgießer (wo es heißt: „die kleine Missal, so von andern die große S.

pfleget genannt zu werden"). **Täubel. Waldow.**

Sack s. Schippe.

Sagetag. „S., oder **Sacktag**, wie es verdorben ausgesprochen wird, ist bey Druckereyen derjenige Tag, da ein Gesell von dem Herrn seinen Abschied bekommt, oder bey ihm zu bleiben angesaget wird. Es geschiehet dieses 14. Tage vor der Messe." **Geßner-Hager.** — „Sacktag" ist jedoch nicht entstellt aus „Sagetag", sondern kommt wirklich von „Sack" her und bedeutet s. v. w. Kündigungstag (vgl.: Schippe — Vgl. auch: Anredetag.

Sanspareille (franz., ‚ohnegleichen'), eine Plakatschrift von etwa 200 Punkten. **Waldow.**

Sattel, der Teil des Instrumentes, „auf welchem die Mater währendem Gießen ruht, und auf welchem der Drath andrückt und die Mater festhält". **Täubel** s. v. Schriftgießer-Instrumente. — Auch s. v. w. Galgen (s. d.).

Satz, ein aus einzelnen Buchstaben zusammengesetztes Stück Schrift. **Geßner-Hager** I 2) 107. **Waldow.**

Sauerkraut machen. „Berechnen, pflegt der Geselle mit dem Herrn, daß er weiß, was er stehen läßt, oder heraus bekommt. Es geschieht auch manchmal, daß ein Geselle etwas berechnet, das er noch nicht gesetzt, oder gedruckt hat, zumal wann er das Tagewerck liefern soll, da er denn aus Noth Formen oder Bogen nehmen muß, damit er nur die Ordnung erhält, solches nennet man alsdann Sauerkraut machen, weil es von den Gesellen noch nachgeholet werden muß." **Geßner-Hager.**

Schabeisen s. Farbeeisen.

Schattierung. 1. „die bloße Schattirung des Eindrucks auf dem Bogen" (beim Blindabdrucken). **Täubel** s. v. Drucken. — „S., der Eindruck, welchen die Typen auf der Rückseite eines gedruckten Bogens hinterlassen." **Waldow.** — Sieh auch: Aussatz.

2. s. Schraffierung.

Scheltwort s. Gescholtener.

Schiebkarren, Schiebkasten s. Karren.

Schiefsteg, ein Steg zum Anlegen an die Kolumnen bei Keilrahmen. **Täubel** s. v. Keilrahmen, der auch „Schradsteg" hat. — **Waldow** s. v. Schließapparat.

Schienbrett s. Laufbrett.

schießen s. ausschießen 1.

Schiff. „Scapha, σκάφη, (Schiff)". Jo. Henr. Alstedii Encyclopaedia 1630 (bei Wolf II 1054). — „S." **Der Edle Greiff** bei Hornschuch 120. — „S., heißt bey Druckereyen dasjenige Instrument von Holtz, worinnen der Setzer die Columnen verfertiget, mit Bindfaden, oder sogenannten Columnenschnur, ausbindet und solche durch Hülfe der in Schiff sich befindlichen Schiffzunge [s. Zunge] aufs Bret bringet." **Geßner-Hager.** — **Täubel** s. v. Setzer-Instrumente, der es auch „Setzschiff" — zum Unterschiede vom „Vorteilschiff (s. d.) — nennt. — „Setzschiff, dient als nächster Aufbewahrungsort für den augenblicklich in Arbeit befindlichen Satz . . ." **Waldow**, der davon

Spaltenschiff (zur Aufnahme der gesetzten Spalten) und Vorteilschiff unterscheidet.

Schippe, eigtl. s. v. w. Schaufel; **einem die S. geben**, die Schaufel in die Hand geben mit der Weisung, sich andere, niedrige Arbeit zu suchen, d. i. ihn fortjagen, z. B. bei Lessing III, 409 der Ausg. v. Lachmann; in dieser Bedeutung auch in der Druckersprache: „einen die S. oder Abschied geben". **Geßner**, Deutsch-ital. Kunstwörterverzeichnis. Für diese mitteldeutsche Redensart ist in süddeutschen Druckereien gebräuchlich: „einem den **Sack** geben" (in der Schriftsprache schon bei Albertinus, Landtstörzer, München 1615 fol. 168) und zwar in der Bedeutung von **„kündigen"**, wie „den Sack erhalten" in der von „gekündigt werden". Geßner-Hager hat diese süddeutsche Redensart nicht gekannt; denn sonst würde er das Wort „Sacktag" nicht als eine verdorbene Aussprache von „Sagetag" (s. d.) erklärt haben. Gewöhnlich wird angenommen, daß hier unter dem Sack der Bettelsack zu verstehen ist. Doch könnte nicht ursprünglich der Sack gemeint sein, in welchem der Geselle sein Handwerkszeug mitbrachte und den der Herr so lange in Verwahrung behielt, bis er jenem den Abschied gab?

Schlagwort, das meistens fett gesetzte Wort zu Anfang eines Artikels in einem alphabetisch angeordneten Werke, z. B. einem Wörterbuch. „S." **Waldow** s. v. Wörterbücher. — Man sagt auch: **Stichwort**. — Früher nannte man es **„Titul"**. **Geßner-Hager** s. v. Lehrmeister. — Sonst bedeutet S. das den Inhalt eines Buches mit einem allgemein gebräuchlichen Ausdrucke treffend („schlagend") bezeichnende Wort. Vgl. Weißbachs „Handkatalog des Sortimenters nach Schlagworten" 1863 ff. und Georg u. Ost's „Schlagwort-Katalog" 1889.

Schlange. „Die Masse [der Druckwalzen] muß hintereinander eingegossen werden, und zwar längs der Walzenspindel, ohne die Seitenwände der Hülse zu treffen, da sich sonst leicht schlangenartige Streifen, sogen. Schlangen, an der Oberfläche der Walze bilden." **Schwark**, Typogr. Allerlei 2. A. 1898 S. 76. — Auch **„Ölschlangen"** genannt. **Waldow** s. v. Gießen 3.

Schleife s. Frosch 2.

schließen. „Mit einer Rahm schleust [der Setzer] es zu Hauff". **Der Edle Greiff** bei Hornschuch 120. — **„Formenschließen." Geßner-Hager.** „. . . man hält es fast vor das geringste, so ein Setzer wissen soll. Daher pflegt man auch, wenn man einen Ignoranten beschreiben will, insgemein zu sagen: Er kan nicht einmal eine Forme recht schließen." **Ders.** I 2) 109. — „Schließen einer Forme . . ." **Täubel.** — „Schließen der Form, das Zusammenpressen, Befestigen des zu einer Druckform gehörigen Schriftsatzes in einem eisernen Rahmen mittelst mechanischer Vorrichtungen." **Waldow.**

Schließnagel. „S." Jo. Henr. Alstedii Encyclopaedia 1630 bei Wolf II 1054. **Gveintz**. — „S., heißt dasjenige eiserne Instrument, womit der Setzer und Drucker die an der Rahm befindlichen Schrauben [Schließ-Schrauben". Pater 14] anziehen kan." **Geßner-Hager.** — **Täubel** s. v. Schließen u. Setzer-Instrumente. — **Waldow** s. v. Schließapparat.

Schließquadrätchen s. Quadrat.

Schließrahme s. Rahme.

Schmiere, Bezeichnung für eine kleine Druckerei in der Provinz um 1600. **Archiv f. Gesch. des Deutschen Buchhandels** XIII 170. — Sieh auch: Winkeldruckerei.

schmitzen. „S., tignere [d. i. eigtl. abfärben]". **Geßner,** Deutsch-ital. Kunstwörterverz. — „das Schmützen oder Dopplíren". **Ders.** 414. — „S., heißt: Wenn im Abdrucke eine Stelle schmuzig und gleichsam halb doppelt heraus kommt". **Täubel.** — „S. nennt der Buchdrucker die verschwommene Wiedergabe des Bildes der Typen." **Waldow,** der auch das Hauptwort „der Schmitz" hat.

Schmutztitel s. Titel.

Schnalle. 1. „S." **Gveintz.** — „S., ist . . . von Eisen, damit das Rähmgen an Deckel fest gemacht [„**verschnallt**", **Buchdruckerlied** 17. Jh., Str. 9] wird, damit das hinein gelegte Pappier nicht heraus fallen kan." **Geßner-Hager.** — „**Deckelschnalle**". **Täubel** s. v. Drucker-Instrumente.

2. s. Träger 2.

schneiden. „S., mordre; es hat sich geschnitten, il vient à mordre". **Geßner,** Deutsch-franz. Kunstwörterverzeichnis. — „Ehe der Drucker am Deckel nach dem Ziehen den ersten Abdruck nicht genau durchgesehen, . . . ob sich nicht da oder dort etwas schneidet, . . . soll er gar nicht fortdrucken." **Täubel** s. v. Anführen.

Schnitt. „Da viele Schriften wohl auf einerley Kögel gegossen sind, aber doch **auf dem Schnitte** andere Größen, Gestalten (Formen) oder Manieren haben; so ist deswegen alle Aufmerksamkeit beym Ablegen anzuwenden, daß nicht vielerley **Schnitte** auf einem und ebendemselben Kögel im Ablegen unter einander kommen, . . . z. B. grobe Cicero unter kleine Cicero . . . ." **Täubel** s. v. Ablegen. Ebenda heißt es von sonst gleichen Schriften, die aber von verschiedenen Meistern geschnitten sind: „einander auf dem Schnitte sehr ähnlich sehen"; „im **Schnitte** etwas von einander abweichen"; — „verschiedene **Schriftschnitte** auf einerley Kögel gegossen". — „S. der Schrift, nennt man die Art und Weise, wie das Bild einer Schrift geschnitten ist. Es giebt also einen breiten, engen, gewöhnlichen, fetten, halbfetten, kräftigen u. s. w. S." **Waldow.**

Schnittlinie, Schnittsteg s. Abschnittlinie.

Schnitzer. 1. Fehler, den der Setzer gemacht hat. „ein grober S., un error majusculo." **Geßner** u. **Täubel** in den deutsch-ital. Kunstwörterverzeichnissen s. v. Zweydeutiges Wort.

2. ein dem Accidenzsetzer fast unentbehrliches Werkzeug, das zum Zuschneiden von Bleilinien sowie zum Unterschneiden von Buchstaben und Linien dient. **Waldow.**

Schöndruck. „S. (Prototypus)". **Hornschuch** 10. — „S., nennet man den Abdruck der ersten Forme, oder Seite, eines gantzen Bogens." **Geßner-Hager.** — „S. nennt man eigentlich die Forme des Bogens, welche die erste Columne desselben enthält, die gemeiniglich zuerst eingehoben und abgedruckt wird. Es treten aber auch Fälle ein, wo die zweyte Forme des Bogens zuerst abgedruckt werden soll [wie es jetzt beim Werkdruck üblich ist], und daher dieselbe auch der S. genennt werden muß. Ueberhaupt aber heißt S. diejenige Forme, welche zuerst auf dem Bogen abgedruckt worden." **Täubel** s. v. Drucken. — **Waldow.** — Nach **Schwark**, Typogr. Allerlei, 2. A. 1898 S. 24 stammt der Ausdruck daher, daß „einseitig Bedrucktes schöner erscheint". — Vgl.: Widerdruck.

Schradsteg s. Schiefsteg.

Schraffierung (von ital. sgraffiare). „die **Schattirung**, vel Scharfirung" (der Lettern). **Pater** 11. — „Schattirung". **Ders.** 40. — „Scharfirungen". **Ders.** 107. — „feine Tiefungen oder Schattirungen" (der Figuren). **Täubel** s. v. Druck mit bunten Farben. — „Schriften mit kurzen Schraffierungen (Haarstrichen)". **Waldow** s. v. Bunzenweite.

Schraubenrahme s. Rahme.

Schrift, Schriften. „Dann man find bey der Druckerey / Allerley Art von Schrifften frey / Auff Latein man sie typos nennt". **Der Edle Greiff** bei Hornschuch 123. — „Schrifften". **Hornschuch** 20. — „Er weis was er vor Schrift zu jedem brauchen sol". **Gveintz.** — „mit reiner Schrifft / oder typis". **Dantziger Druckerey-Ordnung** 1684 bei **Pater** 53. — „Litern oder Schriften". **Pater** 104. — „die Typi, oder Schriften". **Ders.** 106. — „Schrifft" und „Schrifften". **Vergleichg. d. menschl. Lebens mit d. Buchdr.** b. **Ernesti. Geßner-Hager.** — „Schrift, Schriften, Schriftgattung". **Täubel.** — „Schrift, Bezeichnung der zur Herstellung von Druckformen dienenden Typen oder S.-Zeichen der verschiedenen Sprachen mit allen ihren Abarten". **Waldow.**

Schriftform s. Form.

Schriftgießer. „Buchstabengießer" aus dem J. 1505 bei Stehlin, Regesten zur Geschichte d. Buchdrucks (Aus den Basler Archiven). „Buchstabgiessen" noch bei (**Harsdörffer,**) Gesprächspiele, Teil IV, Nürnberg 1644, S. 409. — „Gießer" in **Jörg Busch's** Lied aus dem 16. Jahrh. (bei Osk. Schade, Deutsche Handwerkslieder, Leipzig 1865 S. 25). — „Schrifftgiesser". Jac. Bornitius 1625 bei **Wolf** II 1047. — „Schriftgießer, ist derjenige Künstler, welcher für den Buchdrucker die Buchstaben in verschiedenen Sprachen und in verschiedenen Größen verfertigt. In alten Zeiten waren die Buchdrucker zugleich Sch. . . . ." **Täubel.** — „Gießer, Schriftgießer". **Waldow.**

Schriftgießerzeug s. Zeug 1.

Schriftgrade, die verschiedenen Abstufungen der Schriften. Das Wort begegnet uns erst bei **Waldow.**

Früher sagte man: „Sorten der Typorum, als die sogenannte Tertia / die Secunda und Cicero“. Pater 107. — „... was für eine Sorte von Schriften / klein oder groß / darzu gebraucht werden“. Ders. 110. — Auch Ernesti 2 spricht von „Sorten“.

Schriftkasten s. Kasten. — **Schriftkastenregal** s. Regal.

Schriftkegel s. Kegel. — **Schriftkegeltabelle** s. Zeilentabelle.

Schriftmaterial, -metall s. Zeug 1.

Schriftproben. „Proben der Schrifften“. Redinger. — „Schrifft-Proben“. Thun. Geßner-Hager I 2) 145 ff. — „Schriftproben, nennen die Schriftgießer die Sammlung von Abdrücken von allen den Schriften in verschiedenen Sprachen“. Täubel. — „S.“ Waldow. — Ein Schriftprobenbuch gab schon Fuhrmann 1616 heraus. — S. finden sich auch in fast allen Formatbüchern.

Schriftsetzer s. Setzer.

Schriftstück. 1. „Schriftstücke.“ Täubel s. v. Aufbinden. — „S., ein Stück glatten, beim Aufräumen zusammengestellten Satzes“. Waldow.

2. „S., ein Stück neuer Schrift, einen bestimmten Buchstaben oder mehrere solche enthaltend, wie dieselben aus der Schriftgießerei kommen“. Waldow.

Schriftzeichen s. Paragraph.

Schriftzeug s. Zeug 1.

Schuhe. „Durch das Abziehen des blockirten Satzes wird der Fuß der Blockade [des auf den Kopf gestellten Buchstabens] mit Farbe überzogen und wandert auch größtentheils mit ‚gewichsten Schuhen‘ in den Kasten zurück.“ Allg. Anzeiger f. Druckereien 1899 Nr. 49.

Schuster s. Hurenkind.

Schusterspan, ein starker Papierspan, der beim Herstellen von Bogensatz in Accidenzdruckereien gebraucht wird. Waldow, Die Buchdruckerkunst, Bd. I, Leipzig 1873, S. 349.

Schwabacher. „S.“ Hornschuch. — „S. ab Inventore suo vocant.“ Pater 39. — „S. Schrift, hat ihren Nahmen von dem Erfinder, ihre Züge stehen in gleicher Linie in die Höhe, und sind etwas stärcker, als die gewöhnliche Buchstaben.“ Geßner-Hager. — „S.-Schrift, wird von dem Schriftschneider, der solche zuerst erfand und geschnitten hat, so genennt. Sie ist eine Art Fracturschrift, nur daß ihre Forme mehr nach altgothischer Art gebildet sind.“ Täubel. — Waldow.

schwach. „Eine Buchdruckerey ist sehr reichlich mit Schriften versehen ...; eine andere hingegen hat wieder, im Verhältniß der in derselben angestellten Setzer, zu wenige, oder, wie die Buchdrucker zu sagen pflegen, zu schwache Schriften oder Lettern.“ Täubel s. v. Ablegen. Ebenda heißt es auch: „eine Schrift ist stark in der Offizin vorhanden“; „es sind überflüßige oder starke Schriften vorhanden“. Vgl. Pater 106: „Schriften ..., welche man nicht so starck und in der Menge nöhtig hat.“

Schwalbenfüße. „Schwalben-Füsse, wird dieses Zeichen ¶ genennet, wird auch zuweilen als ein Paragraphus gebrauchet, les pieds de

Mouches [d. i. Fliegenfüße]." Geßner, Deutsch-franz. Kunstwörterverzeichnis.

Schwanzschrift, eine nur aus Versalien und Kapitälchen bestehende Schrift, so benannt, weil „sämtliche großen und zwei der kleinen Buchstaben mit schwanzartigen Verlängerungen der An- oder Abstriche versehen sind". Waldow s. v. Antike Skelettschrift.

Schwärze s. Farbe.

schwarze Kunst, Schwarzkünstler, scherzhafte Benennung der Buchdruckerkunst, bezw. der Buchdrucker, wohl der früher allgemeinen Verwechslung des Buchdruckers Joh. Fust mit dem Zauberer Joh. Faust entstammend, doch auch an die Buchdruckschwärze erinnernd.

Schweizerdegen. „Schweitzerdegen, sprüchwortsweise nennt man diejenigen also, welche mehr als eins erlernet, da man sie zu mehrern brauchen kan. Wie man von der Schweitzer ihren Degen auch sagt: daß sie auf beyderley Art können gebraucht werden." Geßner-Hager hinter dem Worte: Degen. — „Gemeiniglich sind die, welche sich rühmen, so wohl als Drucker als auch als Setzer arbeiten zu können, entweder in einem oder in beyden Fächern Stümper; scherzweise nennen die Buchdrucker einen Gesellen, welcher sagt, daß er Drucker und Setzer zugleich sey, einen Schweizerdegen." Täubel s. v. Drucker. — „S. wird derjenige genannt, welcher beider Fächer des Buchdruckgewerbes (des Setzens wie des Druckens) mächtig ist." Waldow s. v. Buchdrucker. — „S., ein — meist nur noch in kleineren Druckereien beschäftigter — Arbeiter, der sowohl das Setzen als auch das Drucken versteht. So benannt, weil die Degen der alten Schweizer zweischneidig gewesen sein sollen." Otto Luegers Lexikon der gesamten Technik, Stuttgart 1894, s. v. Buchdruckerkunst. — Mit den Degen der Schweizer hat das Wort aber sicher nichts zu thun. Vielmehr ist „Degen" hier offenbar in der älteren Bedeutung „junger Gehilfe" zu verstehen, und „Schweizer Degen" mögen dergleichen Buchdrucker benannt sein, weil sie aus der Schweiz kamen.

Schwengel s. Bengel.

Sedez (lat.), das ‚Sechzehner'-Format, bei dem der Bogen in 16 Blätter gebrochen ist, also 32 Seiten hat. „in decimo sexto". Hornschuch. Vietor. — „Decimo Sexto". Täubel. — „S." Waldow.

Sekunda (lat., ‚die zweite'), frühere Benennung eines der Textschrift nahestehenden Schriftgrades. „Secunda". Namen der Schriften, aus Zesens Lobrede (1642) bei Thun (wo er zwischen Roman und Tertia steht). — „Secunda". Pater 26; vgl. 25: „Parangon [s. d.] Italis dictus, nostris secundus [sc. character]; quem ita nominatum suspicor, quoniam post Textum, qui primus e typis quotidianis et maxime usitatis, secundum in ordine locum obtinet." — „Secunda oder Text". Thun, der auch grobe S. hat.

Sekunde (lat., ‚die zweite'). „die secunda". **Hornschuch** 16. — „die Secunde (zweyte Seite)". **Täubel** s. v. Abziehen. — „S., im Ggs. zur Prime (s. d.) die zweite oder innere Form eines Druckbogens, d. h. diejenige Bogenseite, welche die dritte Kolumne mit Bogenzahl und Sternchen (2*) enthält." **Waldow.**

Semikolon (lat., ‚halbes Kolon'). „Semicolon". **Hornschuch** 18. **Geßner-Hager.** — Dafür auch: „Semipunctum". **Jak. Mentel** 1650 bei Wolf II 279. — Verdeutscht: „**Strichpünctlein**". (**Harsdörffer,**) Gesprächspiele IV 1644 S. 412. Jetzt: „**Strichpunkt**".

Session (lat.) s. Gesellschaft.

Setzbrett. „Setzbret". **Buchdruckerlied** 17. Jahrh., Str. 5. **Redinger** 1. **Ernesti** 125. — „Setzbret, ist ein Bret, worauf der Setzer die Columnen, wenn er solche vorhero im Schiffe zubereitet, setzet, oder ausschieset." **Geßner-Hager.** — „Setzbret". **Täubel** s. v. Setzer-Instrumente. — „S., **Formenbrett**", und „**Waschbrett**". **Waldow.**

setzen. „s." **Jörg Busch's** Lied aus dem 16. Jahrh. (bei **Osk.** Schade, Deutsche Handwerkslieder, Leipzig 1865 S. 27). **Der Edle Greiff** bei Hornschuch 120 am Rande. **Geßner** 146. — „aus einerley Schrift setzen". **Täubel** s. v. Anführen. — „Wörter aus der nähmlichen Schrift setzen". **Ders.** s. v. Durchschießen. —. „s." **Waldow.**

Setzer. „S." **Jörg Busch's** Lied aus dem 16. Jahrh. (bei Schade a. a. O. S. 25). — „**Schriftsetzer**" (Verdeutschung von lat. Typotheta). Jac. Bornitius 1625 bei Wolf II 1047. — „Setzer". **Hornschuch** 20. — „Setzer, ist in der Druckerey derjenige, welcher aus dem ihm vorgelegten Exemplar die Littern in Zeilen, Columnen und gantze Formen absetzet; Und wenn solche abgedruckt, sie wiederum in ihre gehörigen Kästen einleget." **Geßner-Hager.** — „Setzer (Schriftsetzer)". **Täubel.** — „Setzer, Schriftsetzer". **Waldow.** — Niederdeutsch: **Litter-setter** d. i. Letternsetzer.

Setz(er)kasten s. Kasten.

Setzfehler s. Druckfehler.

Setzkastenregal s. Regal.

Setzlinie. „S., ist von Meßing, oder andern Blech, verfertiget. Es dienet solche dazu, daß, wenn der Setzer eine Zeile in den Winckelhacken ausgeschlossen, er solche dazwischen leget, weil ihm sonst die erste Zeile leichtlich verhindern könnte." **Geßner-Hager.** — **Täubel** s. v. Setzer-Instrumente. — **Waldow,** der die S. „eine unzertrennliche Gefährtin des Winkelhakens" nennt.

Setzregal s. Regal.

Setzschiff s. Schiff.

Sexterne (lat.). „Sextern, sechs in einander zu legende Bogen." **Täubel** II, Formatlehre.

Signatur (lat.). 1. „In diesen Formen ist erstlich zu wissen / daß etliche Columnen zu euserst gezeichnet werden mit Buchstaben vnd beygefügten Zahlen / vnd daß dieselben Zahlen in Schöndruck alle vngerade / aber in Widerdruck gerade seyn / welche Art zu zeichnen eine S. genennet wird." **Hornschuch** 16. — „S., heißen die Buchdrucker denjenigen Buchstaben, welchen sie nach der Ordnung des Alphabets unter die erste Columne eines jeden Bogens setzen.“ **Geßner-Hager.** — „... Die Signaturen sind gemeiniglich Versalbuchstaben nach dem Alphabete, oder auch manchmahl nur Ziffern.“ **Täubel.** — „S., die auf der ersten und dritten Kolumne jeden Bogens unten am Fuß rechts befindliche, die Bogenzahl angebende Ziffer . . . Die früher übliche Signierung mit Buchstaben ist heute gänzlich veraltet.“ **Waldow.** — Verdeutscht: „**Zeichnung**, ein **Blatzeichen** in der Druckerey, Signatura.“ **Geßner**, Deutsch-ital. Kunstwörterverzeichnis.

2. „Jeglicher Buchstab hat sein sonderlich S.“ **Der Edle Greiff** bei Hornschuch 119 am Rande.— „die S., oder Kerbe im Buchstaben“. **Geßner**, Deutsch-franz. Kunstwörterverzeichnis. — „das Kerbchen im Buchstaben, welches die Buchdrucker die S. desselben nennen, und nach welcher der Setzer die Buchstaben im Fache ergreift und in den Winkelhaken in seine rechte Stellung bringt.“ **Täubel** s. v. Schriftgießer-Instrumente. — „S., die an jeder Type befindlichen halbrunden oder eckigen Einschnitte, welche dem Setzer als Merkmal dienen . . .“ **Waldow.**

signieren (lat.). „eine Form mit zweyen Signaturen signiren.“ **Vietor** 31 (**Redinger** fügt hinzu: „oder zeichnen“). — „die ersten Seiten . . . signiren oder bezeichnen“. **Täubel** s. v. Alphabet. — „**Signierung**“. **Waldow** s. v. Signatur.

Silberschrift s. Nonpareille.

Skelettschrift (lat., aus dem Griech.). „S., im Schnitt ganz mager gehaltene Schrift.“ **Waldow.**

Societät (lat.) s. Gesellschaft.

Sohinstellen s. Hofrecht.

Sorten (franz.) von Schriften, s. Schriftgrade.

sortieren (franz. assortir), nach Sorten, Arten ordnen, das Papier, die Bogen. „. . . können die in den Waisen-Häusern sich befindende arme, aber schon erwachsene Kinder, so zur Buchdruckerey Inclination haben, das Papier zu zehlen, zu sortiren, ... wol angeführet werden.“ **Pater** 97. — Daher: **Sortiersaal**, in Süddeutschland auch „**Verleszimmer**“ genannt.

Spalte (einer Tabelle). **Redinger** 68. — **Täubel** s. v. Abtheilen des Raumes. — Dafür jetzt meistens: „**Kolonne**“. **Waldow** s. v. Tabellensatz. — Vgl.: gespalten.

Spaltenschiff s. Schiff.

Spalten setzen. „S. s., ohne Columnen zu machen, composer en Gallée [d. i. Schiff].“ **Geßner**, Deutsch-franz. Kunstwörterverzeichnis. — „S. s., oder **stückweis setzen** und nicht in ganzen justirten Columnen . . .“ **Täubel** ebenda. — Sieh auch: Paketsatz.

Span. „Spän“ (Mehrzahl). Von **Vietor**, **Schmatz** und **Ernesti** in der veränderten Wiedergabe eines Verses von Gveintz unter den Zierraten angeführt. — „Späne, bedienet sich der Setzer zu Unterlegung der Schriften, wenn solche nicht auf eben den Kegel gegossen sind. Der Drucker bedienet sich solcher bey Haltung seines Registers, womit er sich helffen kan, nach der Alten ihren Vers:

Ein Spängen raus ein Spängen nein, Das ist der Drucker ihr Latein." Geßner-Hager. Geßner 400 f. — „Spahn . . ." Täubel, Deutsch-ital. Kunstwörterverzeichnis. — Sieh auch: Schusterspan, und Träger 1.

Spankasten, Spanschachtel s. Allerleikasten.

spatiinieren (falsche Bildung statt „spatiieren" von „Spatium"). „S. oder Sperren nennt man die Raumerweiterung bei Wörtern und Zeilen durch Zwischenstecken von Spatien (s. Spatium) zwischen die einzelnen Buchstaben eines Wortes, damit dasselbe aus dem übrigen Satze besonders hervortritt." Waldow.

Spatium (lat.). „Wenn etwa zwey Wörter beysammen stehen / da ein spacium zwischen sol / . . ." Hornschuch 17. — „Diß Zeichen bedeutet / wenn ein spacium hochstehet / daß es sol niedergemacht werden". Ders. 18. — „manche Spatien". Gveintz. — „S., ist eigentlich der Raum über, oder unter, der Columne. Sonsten heißen auch gegossene Stückgen von Metall, worauf nichts geschnitten, Spatia, welche zwischen die Wörter gesetzet werden." Geßner-Hager. — „Spatien". Täubel s. v. Ausschließungen. — „[Dünne Ausschlußstücke], deren Stärke beinahe einem starken Papierblatte nahe kommt, nennt man technisch Spatien und die ganz dünnen oder feinen von ihnen Haarspatien. Sie sind zum Ausschließen der Zeilen sehr notwendig und ermöglichen ein recht gleichmäßiges Verteilen der Zwischenräume." Waldow s. v. Ausschluß.

Speck. „Mit diesem Ausdruck bezeichnet der Setzer die nur teilweis mit Schrift gefüllten Anfangs- und Ausgangs-Kolumnen, ganz leere Seiten, etwaige Schmutztitel und den Satz mit vielen Ausgangszeilen, sowie wiederholt zu gebrauchende und darum zurückgestellte Titel- oder Rubrikzeilen, deren entsprechender Wiedergebrauch für den berechnenden Setzer von Vorteil ist, weil sie ihm, ohne Arbeit zu verursachen, voll bezahlt werden." Waldow. — Unter S. versteht der Setzer also auch den ihm unvorhergesehen bei der Arbeit erwachsenden Nutzen, während der Begriff von „Vorteil" (s. d. sub 2.) nicht so umfassend ist.

sperren s. spatiinieren.

Spieß. „Wenn ein Spatium [s. d.] mit kommt, so man einen Spieß nennet . . ." Ernesti zu S. 48, Rückseite. — „S., wird ein Spatium genannt, wenn es sich in die Höhe begeben und mit abgedrucket worden . . ." Geßner-Hager. — „. . . ob sich Spieße in der Forme zwischen den Wörtern mit abdrucken". Täubel s. v. Anführen. — „. . . ob keine Spieße aufgestiegen". Ders. s. v. Drucken. — „S." Waldow.

Spindel. 1. „S." Jo. Henr. Alstedii Encyclopaedia 1630 bei Wolf II 1054. Gveintz. — „S., das erste Hauptstück an der Presse, wird von Meßing, oder von gutem Eisen, gemachet." Geßner-Hager. — Täubel s. v. Drucker-Instrumente. — Waldow s. v. Handpresse 1a.

2. s. Walzeisen.

Spitzmarke, die einem kleineren Zeitungsartikel unmittelbar vorgesetzten Worte, welche kurz und treffend den Inhalt desselben markieren, z. B.: Ein fideles Gefängnis.

splendid (franz., ‚prächtig'), vom Satz, der weit gehalten, durchschossen ist. **Waldow**. — Ggs.: kompreß (s. d.).

Stangenpresse; Ggs.: Büchsenpresse (s. Büchse).

stark, von Schriften; s. schwach.

Steg. „S." Der Edle Greiff bei Hornschuch 120. — „die Stege in die mitte der Form legen". **Vietor** 33. — „Stege, sind von Holtz bereitet und werden zwischen die Columnen eingetheilt. Sie sind dreyerlei Gattung: Mittel-, Creutz- und Bundstege. Nach Beschaffenheit des Formats sind sie wiederum von verschiedener Größe." **Geßner-Hager**. — „Steg, was bey den Druckern eine Linie heist". **Geßner** u. **Täubel** in den deutsch-franz. Kunstwörterverzeichnissen. — „Stege . . . werden gebraucht, um in der Forme diejenigen Stellen auszufüllen, die im gedruckten Bogen weiß bleiben müssen". **Täubel**. — **Waldow** s. v. Formatmachen, der nicht bloß Stege aus Holz, sondern auch aus Blei und Eisen erwähnt. — Sieh auch: Anlege-, Bund-, Kapital-, Kreuz-, Mittel-, Rähmchen-, Schief-, Schnitt-, Unterlegesteg.

Stegkasten s. Allerleikasten.

Steinschrift s. Grotesque.

Stempel. „archetypi, die Stempel". **Pater** 11. — „S., heißt in Schriftgießereyen dasjenige Instrument, welches aus einem länglichten Stück Stahl gemacht wird. Auf selbiges wird der Buchstabe mit einem Grabstichel gestochen, und das Eisen herum recht subtil abgefeilet, dergestalt, daß am äuserſten Theil desselben der Buchstabe bloß stehet." **Geßner-Hager**. — „Diese Buchstabenstempel nennen einige auch **Patrizen**, weil der Schriftgießer sie in Kupferstücken senkrecht einschlägt, die dann gehörig justirt die Matrizen genannt werden." **Täubel** s. v. Schriftschneider. — „S." **Waldow** s. v. Schriftgießerei. — Sieh auch: Punzen.

stereotypieren (franz., aus dem Griech.), mit ‚feststehenden Typen' drucken. Die Benennung wurde von dem Pariser Buchdrucker Firmin Didot um 1794 eingeführt. (**Waldow** s. v. Stereotypie.) — Früher sagte man: „die Schrifften mit stehen bleibenden Buchstaben abdrucken". **Geßner-Hager** IV Vorrede § 2.

Sternchen. „Sternlein". **Harsdörffer**,) Gesprächspiele, Teil IV, Nürnberg 1644, S. 412. „ein Sternchen, * un étoile". **Geßner**, Deutsch-franz. Kunstwörterverzeichnis. — „S." **Täubel** s. v. Puncturen. — „S., findet im Satz Anwendung als Notenzeichen [Note = Anmerkung] und bedeutet auch s. v. w.: geboren." **Waldow**.

Stichwort s. Schlagwort.

Stock. „EvangelionStöck auff Zeug vnd in Holtz in Octavo gröss / Wie auch in duodecimo vnd 18. Evangelion / Catechismus- vnd Passion Stöck." **Hornschuch** 50. — „Blumen- Kräuter- Stöck". **Gveintz**. —

„Final-Tobacks-Brief-Stöcke" auf dem Titel der „Kurzen, doch nützlichen Anleitung vom Form- und Stahl-Schneiden . . ., Erfurt 1754. (Katalog der Bibliothek des Börsenvereins der Deutschen Buchhändler S. 711.) — „**Buchdruckstöcke**, im eigentlichen Sinne des Wortes die Bezeichnung für Holzschnittplatten, doch bezeichnet man auch Illustrationsplatten in Metall, Clichés, Galvanotypen rc. mit demselben Ausdruck." **Waldow**, der auch „Stock" hat.

Stoßzeug s. Bestoßzeug.

Streicheisen, Stricheisen s. Farbeeisen.

Strichlein s. Komma.

Strichpünktlein s. Semikolon.

Strohkranz s. Kranz.

Stückdurchschuß s. Durchschuß.

Stücklinie s. Linie 1.

Stücksatz s. Paketsatz.

stückweise setzen s. Spalten setzen.

stumpf. 1. „. . . was an Schrifften stumpff und unbrauchbar befunden, [soll] ausgesetzet werden". **Dantziger Druckerey-Ordnung** v. J. 1684 bei Pater 53. — „Es sind aber die in ihren Officinen befindliche Litern / oder Schriften / . . . guten Theils stumpf / und sehr abgebraucht / ja heut zu Tage wenig mehr in Gebrauch." **Pater** 104. — „. . . damit die Typi, oder Schriften / wenn sie alt und stumpf, bald von neuen können umgegossen werden." Ders. 106.

2. „**Stumpfhalten** nennt der Setzer das Anfangen einer Zeile ohne Einzug. Es ist dies besonders bei Zeitungssatz des schnellern Ansetzens (s. d.) wegen oft notwendig." **Waldow**.

Sudelpapier s. Makulatur 1.

Sudler s. Hudler.

Summarium (lat.), kurze Inhaltsangabe der Kapitel eines Abschnittes, in kleiner Schrift. „Summarien". **Pater** 107. — „Summarien". **Geßner** 377.

Tabelle (lat.). „T." **Redinger**. — „Tafel". **Schmatz**. — „Taffel" und „Tabelle". **Thun**. — „Tabelle". **Geßner-Hager**. — Daher: „**Tabellensatz**". **Täubel** s. v. Abtheilen des Raumes. **Waldow**, bei dem es heißt: „Beim Satz von Tabellen handelt es sich um die dem Manuskript entsprechende Unterbringung von Text und Ziffern in durch Linien getrennten Kolonnen, sowie auch um die Herstellung von Formularen, welche für schriftliche Eintragungen bestimmt sind."

Tächelchen s. Dächelchen.

Tafel s. Fundament u. Tabelle.

Tanzmeister oder auch **Tänzer**, ein Rad an der Schnellpresse, welches beständig im Kreise herumgeführt wird und außerdem sich noch um die eigene Mitte dreht. **Waldow** s. v. Fundament.

Taubennest. „Oft zeigen sich beym Zausen der Ballenhaare [s. Haare zausen] da und dort kleine feste Klümpchen, welche man gewöhnlich scherzweise **Taubennester** nennt; diese muß man sorgfältig herauslesen und wegwerfen." **Täubel**.

Taufpfennig. Im „Spiegel der Ehren des Erzhauses Österreich" 1668 S. 527 (bei Geßner-Hager I 1) 55 Anm.)

bezeugt **Sigism. v. Birken**, daß noch damals in Mainz „den neuen Drucker-Gesellen, wenn sie das Postulat verschencken", Buchstaben aus der ersten Zeit der Buchdruckerkunst, die in der Mitte durchlöchert waren, „zum sogenannten Tauffpfennig eingebunden" wurden. — Über die an den Postulierenden vorgenommene Taufe s. Deposition.

Tausendschriften nennt der Schriftgießer die Brotschriften (s. d.), weil er sie nach dem Tausend berechnet. **Waldow.**

Teilungszeichen s. Divis.

Tenakel (gekürzt aus lat. retinaculum; noch 1754 findet sich „Retinacul", s. u.). „retinaculum, ὀχεύς, (**Heber**)". **Jo. Henr. Alstedii Encyclopaedia** 1630 bei Wolf II 1054. — „Tenacel". **Gveinz.** — „Der Setzer . . . . stecket das Exemplar auf den Tenackel / welches [das Exemplar d. i. Manuskript] das Divisorium hält." (**Harsdörffer,**) Gesprächspiele, Teil IV, Nürnberg 1644, S. 412. — „Tenackel". **Ch. Vester**, Löbl. Buchdrucker-Kunst, Halle ca. 1670 (bei Wolf II 499). **Schmatz.** — „Tenackel, ist ein längliches Holtz, welches unten einen Stachel hat, damit es an die Setzkästen gestecket wird. Auf dasselbige stecket der Setzer das Exemplar, welches er setzen will, und befestiget solches mit dem Divisorio." **Geßner-Hager.** — „Der Winkelhaken war in deren Setzern Händen, / Vom Retinacul sah man sie kein Aug abwenden, / Dann auf demselbigen wurd man das Exemplar / Durchs Diversorium [sic!] wohl aufgesteckt gewahr." **Festgedicht der Bamberger Buchdrucker** (zum Namenstage des Fürstbischofs Franz Konrad) 1754. — „T. (Blatthalter)". **Täubel** s. v. Anführen. [Vgl. dazu: Divisorium.] — „der T. (retinaculum)". **Ders.** I, Anhang. — „T." **Waldow.**

Tertia (lat., ‚die dritte'), ein zwischen Text und Mittel liegender Schriftgrad von 16 Punkten. „T." **Hornschuch** 39 ff. — „Bibel oder T." **Redinger. Thun.** — „T." **Ernesti** 7 ff. (der sie zwischen Parangon und Mittel stellt und grobe und kleine T. unterscheidet). — „Tertia-Schrift, wird so genennet, weil sie ehedessen unter den grossen Lateinischen Buchstaben die dritte Gattung ausmachte . . ." **Geßner-Hager**, vgl. **Pater** 26. [Die voraufgehende hieß „Secunda".] — „T." **Täubel. Waldow.**

Teuerdank, frühere Benennung eines Fraktur-Schriftgrades, mit welchem zuerst das bekannte Werk gleichen Namens (Nürnberg 1517) gedruckt wurde. „Tewerdanck" steht bei **Hornschuch** (1. Ausg.) zwischen der „Kleinen Canon" und „Bibel- oder Textschrifft". — „Pabst Text / oder Teuerdank". (**Harsdörffer,**) Gesprächspiele, Teil IV, Nürnberg 1644, S. 410.

Text (lat.), ein zwischen Doppelmittel und Tertia liegender Schriftgrad von 20 Punkten. „Text Versalen". **Hornschuch.** — „Bibel- oder Textschrifft". **Ders.** (1. Ausg.) 41. — „Pabst Text / oder Teuerdank". (**Harsdörffer**), Gesprächspiele, Teil IV, Nürnberg 1644, S. 410. — „Text Fractur / oder Bibelschrift".

Ders. a. a. O. S. 411. — „T.“ **Gütner** 1661 bei Wolf II 418. **Redinger** (zwischen Kanon und Tertia). — „Secunda oder Text“. **Thun.** — „T.“ **Ernesti** 6 ff. (zwischen Roman und Parangon). — „Text-Schrift, ist diejenige, die meist zu Leichen-Predigten und Versen erwehlet wird . . .“ **Geßner-Hager.** — „T.“ **Täubel. Waldow.**

Thränengotisch s. Americain.

Tiegel. „T.“ **Gveintz.** — „T., das andere Hauptstück an der Presse, welches meistentheils von Meßing, oder Eisen, oder dann und wann auch von hartem Holtz bereitet wird. Die Figur davon ist ein länglichtes Viereck, an jedem Eck aber ist ein Hacken, damit es an die vier Schrauben, so durch die Büchse gehen, mit Clasterschnur kan angebunden werden.“ **Geßner-Hager. Täubel.** — „T., der den Druck ausübende Teil an der Handpresse wie an der Tiegeldruckschnellpresse.“ **Waldow.**

Titel (lat.). 1. „der Titul des Buchs“. **Hornschuch** 6. — „der Bücher Tittel“ [reimt sich auf „Mittel“]. **Gveintz.** — „Titulbogen“. **Vietor** 12. — „Titul, zu einem Buch, oder Carmen“. **Geßner-Hager.** — „T.“ **Täubel.** — „T.“ **Waldow**, bei dem es heißt: „Unter den Begriff ‚T.‘ oder richtiger ‚Titelbogen‘ rechnet die typographische Praxis auch Widmung, Vorrede, Inhaltsverzeichnis u. dgl.“

Der T. wird auch „**Haupttitel**“ genannt zum Unterschiede von dem „**Schmutztitel**“: „wann die Einleitung zu Ende, gehet das Werck selbsten an, da denn zuweilen vorher ein kleiner Schmutz-Titul gemacht wird.“ **Geßner** 377. — „Schmuztitel, werden in Werken gesezt vor Anfange des Textes, nach der Dedication und der Vorrede. Vermuthlich ist der Gebrauch aus dem Grunde entstanden, daß, falls der Haupttitel von einem Werke **beschmuzt** und dadurch unleserlich geworden oder gar zerrissen und verloren ginge, der Leser doch aus dem Schmuztitel noch den Nahmen oder den Innhalt des Buches zu ersehen im Stande ist.“ **Täubel.** — Nach **Waldow** enthält der „Schmutztitel, auch Vortitel“ den wesentlichsten Inhalt des Haupttitels und kann je nach dem Belieben des Autors oder Verlegers vor oder hinter demselben Platz finden, „doch läßt man auch häufig einen solchen dem Titel vorausgehen und einen zweiten nach Vorwort und Inhalt vor dem eigentlichen Text folgen“. Dagegen muß nach **Aug. Marahrens**, Handbuch der Typographie, Bd. I, Leipzig 1870, S. 249 der Schmutztitel dem Haupttitel vorausgehen, weil jener dazu dienen solle, von diesem den Schmutz abzuhalten, den das Ankleben des Umschlages verursacht. Der hie und da gebräuchliche Ausdruck „**Blankseite**“ (d. i. weiße Seite) für „Schmutztitel“ könnte zu der Annahme verleiten, daß Schmutz hier nicht s. v. w. Fleck, Unreinlichkeit, sondern Fett, Weiße bedeute. — Man unterscheidet auch „Haupttitel“ und „Specialtitel“ bei umfangreichen Werken, deren einzelne Bände ein selbständiges Ganzes bilden (**Waldow** s. v. Doppeltitel). — Sieh auch: Kolumnentitel.

2. s. Schlagwort.

Titelbier. „Titulbier, nennt man in Druckereyen dasjenige Tranckgeld, welches ein Verleger, oder Verfasser eines Buchs den Gesellen bey Druckung eines rothen Tituls giebt, um sie dadurch zu ermuntern, daß sie desto genauere Aufsicht darauf verwenden, weil dieser mit zur Zierde eines Buches gehöret." **Geßner-Hager.** — „Verlangst du, daß dein Buch ein bunter Titul ziere; / So wird der saure Schweiß versüßt mit Titul-Biere." **H. A. Wildenhayn,** Ehrengedicht, bei Geßner, Anhang S. 84.

Titelschriften, diejenigen Schriften, mittels welcher einzelne selbständige Zeilen oder bestimmte Zeilengruppen titelartig gesetzt werden. **Waldow.**

tot s. lebend.

Träger. 1. „T., ist ein dicker Span, welcher an denjenigen Ort einer Columne mit Kleister aufgepappet wird, wo die Littern allzu scharf heraus kommen." **Geßner-Hager.** — „ein dicker Span, (oder wie mans nennet, ein T.)". **Geßner** 418. — „Aufträger, oder Träger am Rämchen, le Support." Ders., Deutsch-franz. Kunstwörterverzeichnis. — „Träger". **Täubel** s. v. Drucken. — „Dem Einsinken des Rähmchens beugt man dadurch vor, daß man **Bauschen** oder T. (flache, angemessen starke Stücken Korkstöpsel, Holz oder zusammengefaltetes Papier) an die gefährdeten Stellen klebt." **Waldow** s. v. Bauschen.

2. „T. oder **Schnalle**, worauf der Bengel ruht, le Chevalet de la Presse." **Geßner** u. **Täubel** in den deutsch-franz. Kunstwörterverzeichnissen.

Trennungszeichen s. Divis.

Treppenabsatz. „Durch Einrücken hervorzuhebende Satzstellen ziehe man zuerst mit nicht mehr als dem Raum der übrigen Einzüge ein; für weitere Einrückungen wird die Hälfte des ersten Einzugs meist genügen. Bei allzu großen ‚Treppenabsätzen' erhält der Satz ein schlechtes Aussehen." **Schwark**, Typogr. Allerlei 2. A. 1898 S. 44.

Trichter nennt man den Satz eines Titels, auf dem die Zeilen in ihrer Breite nicht abwechseln, sondern nach unten spitz zulaufen. **Waldow,** Buchdruckerkunst, Bd. I, 1873 S. 311. — „**Trichtersatz**". **Allg. Anzeiger f. Druckereien** 1900 Nr. 4.

Triterne (lat.). „In folio werden gemeiniglich drey Bogen in einander gelegt / vnd zusammen gefügt / welche Zusammenfügung in gemein ein Tritern genandt wird / vnd machet 12. Columnen oder Seiten." **Hornschuch** 10. — „Tritern, oder drey in einander gehörige Bögen" [in folio]. **Vietor** 3. **Redinger** 4, aber 67 f.: „Treternenweiß". — „Triterne" [in Folio oder Quart]. **Geßner-Hager** I 2) 3. 5. — „Tritern". **Täubel** II, Formatlehre. **Waldow** s. v. Folio-Format.

Trommel, ein an die Schienen geschrobener Teil der Washingtonpresse. **Waldow** s. v. Handpresse m. — „Holzwalze oder Holztrommel nennt man bei einfachen Schnellpressen gewöhnlich die mit dem Druckcylinder durch Zahnradbetrieb oder Bandleitung gekuppelte Walze, über welche die gedruckten Bogen ausgeführt werden, insofern sie wie gewöhnlich mit Holz umkleidet ist." Ders. s. v. Holzwalze.

Tympan s. Deckel.

Type (lat., aus dem Griech.) s. Buchstabe.

Typograph, Typographie (lat., aus dem Griech.), s. v. w. Buchdrucker bezw. Buchdruckerkunst.

Überdruck s. Nachschuß 2.

überlegen s. unterlegen 1.

Ubersehen s. revidieren.

Uberstich, Überstunden. „Uberstich, ist dasjenige, was ein Geselle, so wohl Setzer, als Drucker, über sein Tagewerck verfertiget." **Geßner-Hager.** — „Ueberstich machen, faire plus, qu'on n'est obligé". **Geßner**, Deutsch-franz. Kunstwörterverzeichnis. — „Ueberstich arbeiten oder machen . . ." **Täubel**, ebenda.

überstülpen s. umschlagen 2.

umbrechen. „u." **Geßner**, Deutsch-franz. Kunstwörterverz. — **Hübners** Natur- u. s. w. Lexicon, Leipzig (1. Aufl. 1712) 1776 s. v. Buchdruckerkunst. — „U., ist eine Arbeit des Setzers, wenn er eine große Anzahl gesetzter Zeilen in ganze Columnen abzählt, nach ihrer bestimmten Länge formirt und justirt, und dann aus mehrern Columnen ganze Formen oder Bogen ausschießt." **Täubel. Waldow.**

umschlagen. 1. „Pappierumschlagen, heißt diejenige Handlung in der Druckerey, wenn man das gefeuchtete Pappier untersucht, ob es an jedem Ort gleiche Feuchtigkeit hat." **Geßner-Hager.** — „Umschlagen der gefeuchteten Papiere". **Täubel.**

2. „Die Formate in Duodecimo sind den Druckern / Registers wegen / am füglichsten zuzurichten / daß der Widerdruck vberzwerch vmbgewendt [**Redinger** fügt hinzu: oder umstülpt] werde / wiewol es etliche zurichten den langen weg vmbwendend [**R.**: oder umschlagend]." **Vietor** 18. — Für „umstülpen" findet sich auch „überstülpen" bei **Schmatz, Thun** und **Täubel** (im deutsch-ital. Kunstwörterverz.). — „Umstülpen" und (s. v. Auflösen) „Umschlagung des Formats". **Geßner-Hager.** — „Das Umschlagen (Umwenden) der auf einer Seite bedruckten Bogen zum Zweck Bedruckens der Rückseite unterscheidet sich wesentlich vom Umstülpen, welches zwar auch ein Umwenden der Bogen, aber in einer andern Richtung ist. Beim Umschlagen werden die mit dem Schöndruck bedruckten Bogen von rechts nach links derart umgedreht, daß die bedruckte Seite nach unten zu liegen kommt, demnach das vordere Punkturloch auch beim Widerdruck wieder zum Einlegen in die vordere Punktur benutzt wird. Beim Umstülpen dagegen wendet man die Auflage [von hinten nach vorne] so um, daß das vordere Punkturloch beim Widerdruck in die hintere Punktur, das hintere Punkturloch

aber in die vordere Punktur eingelegt wird." **Waldow.**

Unciale (von lat. uncia d. i. ein zwölftel, näml. Fuß; also eigtl. zollgroßer Buchstabe). „Vncial- oder **Quadrat-Buchstaben** [„Quadrat" wird unter den „Schrifften" aufgeführt von **Gveintz**], werden auch noch zu den grossen Lateinischen Buchstaben gerechnet, welche deswegen also genennet werden, weil sie den zwölften Theil eines Schuhes ausmachen." **Geßner-Hager.** — „Uncialen, große Initialen [s. d.] ohne Verzierungen". **Waldow.**

Unterführungszeichen heißen die Gänsefüßchen oder auch das Divis, wenn sie an Stelle sich wiederholender Stichwörter bei tabellarischem Satz, bes. Preiscouranten, gebraucht werden. **Waldow** s. v. Gänsefüßchen. **Schwark**, **Typogr.** Allerlei 2. A. 1898 S. 39.

unterlegen. 1. „U., muß ein Setzer die Littern, oder Schriften, wenn sie ungleichen Kegel haben, oder, wenn größere Littern in die Zeilen mitgenommen werden." **Geßner-Hager.** — „Während man beim **Überlegen** den Durchschuß über den Worten anbringt, um ein richtiges Liniehalten derselben mit größeren Schriftgraden zu erzielen, geschieht dies beim U. unter den Worten." **Waldow.**

2. „U. muß der Drucker oder Setzer die Wörter, welche in irgend einer Forme (z. B. bey Kalendern) roth gedruckt werden sollen. In dieser Absicht läßt er sich **Unterlegstege** von lindenem Holze machen, zieht das Wort heraus, schneidet sich von obigem Holzstege ein eben so langes Stückchen ab, . . . legt dieses mit der Ahle in die Oeffnung, und setzt dann das Wort wieder darauf, so wird es um so viel höher stehen, als die andern Wörter der Forme." **Täubel. Waldow.**

3. „**Unterlagen**, ist ein Kunstwort bey den Druckern, wenn sie bey Druckung der Forme sehen, daß es sich nicht heraus drucken will, so legen sie unten im Deckel so viel, als der Fehler erfordert, an dem Orte, Maculatur hin." **Geßner-Hager.** — „Unterlegen unter der Form beim Zurichten." **Waldow.**

Unterscheidungszeichen s. Interpunktion.

Unterschlag, der Fuß, das äußerste Ende der Kolumne, welches aus Quadraten besteht. **Waldow.**

unterschneiden, einzelne Versalbuchstaben größerer Schriftgrade, welche viel Fleisch haben, so unterfeilen, daß sie näher aneinanderkommen. „Leipziger Cicero unterschnitten Hebräisch". **Pater** 67. — „u." **Täubel** s. v. Abklatschen u. Anschleifen. — **Waldow**, der auch vom „U. der Linien" handelt.

unterstanden, gleichmäßig durchweicht (vom Papier). **Täubel** s. v. Anführen (einen Druckerlehrling) u. Drucken.

Vakat (lat., ‚es fehlt'). „leere Stellen (Vacate)" auf den Formen, die der Drucker abziehen soll. **Täubel** s. v. Abziehen. — „Der Setzer muß auf die Seiten, wo Kupferstiche eingedruckt werden sollen, **Vacate hinschießen.**" **Ders.** s. v. Eindrucken.

— „V., jede in einer Druckarbeit vorkommende leere Seite, z. B. die Rückseite von Titeln." **Waldow.**

Vakatstrich, der Gedankenstrich, welcher bei Angaben von Geld u. dgl. an die Stelle von Ziffern gesetzt wird, z. B. 25,— M. **Waldow.**

verfahren s. Karren.

vergleichen (eine Kolumne), s. justieren.

verhauen, ein Setzerausdruck. „einen Satz v." s. v. w. aus der Konstruktion fallen, in Bezug auf den Autor, bes. auf einen schlechten Übersetzer gebraucht. **Allg. Anzeiger f. Druckereien** 1900 Nr. 10.

verheben, falsch abheben (s. d.). „da vorgewendet worden, es müste vielleicht das zum Drucken gefeuchtete Pappier verhoben, auch auf einen Hauffen etliche Buch drüber kommen, und also eine Versehenheit vorgelauffen seyn". **Werther** 50.

verintroduzieren s. Introitus.

Verleszimmer s. sortieren.

Versalie (lat.). „Versalen". **Hornschuch** 48. — „Versalia". **Ch. Vester**, Löbl. Buchdrucker-Kunst, Halle ca. 1670 (bei **Wolf** II 498). — „versales [sc. literae] proprie audiunt: vel quod versus et periodos orationis et sententiarum ordiri soleant; vel quod manu admodum sint versatiles pariter ac mobiles." **Pater** 16. — „Versalien". **Ernesti** 13. — „Versal-Buchstaben haben ohne Zweifel ihren Namen daher, weil sie zum Anfang des Kapitels, oder Verses gebraucht werden." **Geßner-Hager.** — „Versalien". **Geßner** u. **Täubel** in den deutsch-franz. Kunstwörterverzeichnissen. — „Versalien, die großen Anfangsbuchstaben (A B, A B) in allen Schriftarten." **Waldow.**

verschenken s. Postulat.

Verschenkung des Kindes s. Braut.

verschnallen s. Schnalle 1.

verschossen, falsch ausgeschossen. „die Columnen sind verschossen". **Geßner-Hager** III 439. — „. . . muß der Corrector nachsehen, ob alle Seiten auf dem Bogen in dem Formate, an ihrer rechten Stelle stehen, oder, wie die Buchdrucker sagen: ob der Setzer keine Columnen verschossen hat?" **Täubel** s. v. Corrector.

verträgern, das Rähmchen, s. v. w. Träger (s. d. sub 1.) an demselben anbringen. **Waldow.**

Verwunderungszeichen s. Ausrufungszeichen.

Vignette (franz., eigtl. s. v. w. kleine Weinrebe). „V." **Geßner-Hager. Täubel** d. — „Vignetten, kleine und größere Verzierungen auf Titeln, Anfangs- und Schlußseiten". **Waldow.**

Vorgeher hießen die zwei aus der Zahl der Herren von der Gesellschaft gewählten Buchdrucker. **Nürnberger Buchdr.-Ordng.** 1673 bei **Werther** 47. — Von ihnen hatte „der ältere [s. Ladenvater] den Vorsitz und die Cassa zur Einnahm und Ausgab in Verwahrung, der jüngere aber das Protocoll zu führen". **Augsburger Buchdr.-Ordng.** 1713 bei **Werther** 494.

Vorrede. Seit **Schmatz** allgemein gebräuchlich. Eine kürzer gefaßte V. nennt man „**Vorwort**". — Früher auch: „**Eingangs-Bericht**". **Vietor.** — „**Vorbericht**". **Redinger.**

Vorschlag nennt man den Raum, welcher über den Anfangskolumnen einer Druckarbeit frei bleibt. **Waldow.**

vorschlagen s. Register 2.

Vorteil. 1. „Introitus und Namen, auch andere Vortheile". **Kursächs. Buchdr.-Ordng.** 1606 bei Werther 15. — „... wurde auf Hofrecht gestellet / genoß keine Vortheile ..." **Werther** 441. — „... ist nicht mehr würdig, ... einigen Genuß, so in a parten Vortheilen zc. und nicht im Arbeiter-Lohn bestehet, mit zu empfangen". **Anmerkungen zu Werther** 55. — „Vortheil". Ebd. — „Druckerey-Vorthel". **Werther** 442. 444. — „Buchdrucker-Vortheil, wird dasjenige Geld genennet, welches die Gesellen von den Herren Verlegern bekommen, ingleichen Namenstage-, Cornuten-Geld, Introitus zc. welches sie alsdenn unter sich theilen, oder zu gewissen Zeiten sich eine Ergötzung damit machen". **Geßner-Hager.** — Sieh auch: Accidenzien 2. und Titelbier.

2. „Vortheil". **Geßner-Hager** II s. v. Schiff. — „Vortheil, l'Avantage". **Geßner** u. **Täubel** in den deutsch-franz. Kunstwörterverzeichnissen. — „V., derjenige Satz, welchen der Setzer sich beim Ablegen zurückstellt, weil er denselben mit wenig Mühe, also mit Vorteil wieder benutzen kann." **Waldow.** — Sieh auch: Speck.

Vorteilschiff. „Schiff, Vortheil-, heißt das S., worein der Setzer dasjenige setzet, was im vorhergehenden Bogen schon gesetzt ist, und in dem andern wieder gebraucht werden kan". **Geßner-Hager.** — „Vortheilschiff". **Täubel** s. v. Setzer-Instrumente. — „V., Ablegeschiff". **Waldow**, der auch „Vorteilbrett" hat.

Vorteilsgriff. „Vortheils-Griff". **Buchdruckerlied** 17. Jahrh., Str. 4. — Vgl.: Griff.

Vorwort s. Vorrede.

wackeln. „es wackelt mir ein Buchstabe in der Forme". **Geßner** u. **Täubel** in den deutsch-ital. Kunstwörterverzeichnissen. — „... damit der Deckel beym Auf- und Zumachen nicht w. oder sich auf und nieder bewegen kann". **Täubel** s. v. Deckel.

Walze. „Waltze". **Pater** 14. 57. — „Waltze, ist ein rundes Holtz, um welches ein starcker Riemen, der an einem Ende ans Laufbret, und am andern an die Presse angenagelt ist, damit solcher den Karn hinein und wieder heraus beweget." **Geßner-Hager.** — „Walze". **Täubel** s. v. Drucker-Instrumente. — **Waldow** verweist von W. nach Auftragwalze (das jetzt zum Auftragen der Farbe auf die Form dienende Werkzeug) und bringt nur die hierher gehörige Zusammensetzung „Walzenpresse, eine Handpresse, an der statt des Tiegels eine W. zur Ausübung des Drucks angewendet wird". — Andere Benennungen: „Walle" [aus „Walze" u. „Welle" zusammengeschweißt, reimt sich auf „Schnalle"] u. „Rolle" gesondert bei **Gveinz.** — „Welle". **Ch. Vester**, Löbl. Buchdrucker-Kunst, Halle ca. 1670 (bei Wolf II 498). — „Waltze, Welle,

Ruolo . . ." **Geßner u. Täubel** in den deutsch-ital. Kunstwörterverzeichnissen. — „Walze oder „**Rolle**". **Hübners** Natur- u. s. w. Lexicon, Leipzig (1. Aufl. 1712) 1776 s. v. Buchdruckerkunst. Vgl. **Geßner**, Deutsch-franz. Kunstwörterverzeichnis: „Die Waltze, woran der Gurt angemacht ist. An etlichen Orten bedient man sich auch einer Waltzen, die Drücke abzurollen, le Rouleau." — **an der Walze stehen**, von dem Drucker, der aufträgt, (welcher auch Ballenmeister hieß) gesagt. **Waldow** s. v. Am Deckel stehen.

Walzeisen. „**Spindel**, die, oder besser: das Eisen, welches durch die runde von Holz gedrehte Walze geht, (**Walzeisen**), l'arbre ou la broche du rouleau." **Täubel**, Deutsch-franz. Kunstwörterverzeichnis. — **Geßner** hat im deutsch-franz. Kunstwörterverzeichnis nur die Benennung „Spindel", **Pater** 56 erwähnt den „**Wellbaum** [vgl. franz. l'arbre] der Weigelschen Buchdruckerpresse". — Vgl.: Korbel.

Waschbrett. 1. das beim Waschen der Form gebrauchte Brett, das sich jetzt im Formenwaschtisch befindet. „Waschbret". **Geßner-Hager. Täubel** I, Anhang. **Waldow.**

2. s. Setzbrett.

weitläufig (vom Druck) s. **kompreß.**

weitläufig halten s. enge halten.

Wellbaum s. Walzeisen.

Welle s. Walze.

Wend s. Korbel.

Werkschriften s. Brotschriften.

Widerdruck. Anfangs meistens richtig W. geschrieben, so von **Hornschuch** 10 (lat. Antitypus), **Harsdörffer** IV 1644 S. 413, **Vietor und Redinger.** — „Wiederdruck" schreiben **Gveintz, Schmatz, Pater** 14 (lat. typus reiteratus), **Thun, Ernesti** und **Geßner-Hager.** Erst **Täubel** redet wieder der richtigen Schreibung das Wort s. v. Drucken, wo es heißt: „Weil die zweyte Forme des Bogens gerade auf die erste gedruckt wird, oder genau gegen die erste, so sollte man lieber schreiben: Widerdruck, statt Wiederdruck." — „W., das Bedrucken der Rückseite des mit dem Schöndruck (s. d.) bereits versehenen Bogens." **Waldow.**

Winkeldruckerei. „eine sogenannte Hudeley [s. d.], oder wie es in denen Reichs-Abschieden genennet wird, Winckel-Druckerey". **Werther** 348 f. (Die „Winckel-Druckereyen" werden schon erwähnt im Reichsabschied v. J. 1570, § Und dieweil dan solche, 155 sowie in der „Reichs-Policey-Ordnung" v. J. 1577, tit. 35; vgl. **Wolf** II 437. 509.) — „Winckeldruckerey, werden solche Druckereyen genennet, die man auf Dörfern, Flecken, oder andern freyen Oertern anleget, wo man ohne Censur die Buchdruckerkunst zu allerhand unerlaubten Schriften mißbrauchet." **Geßner-Hager.** — Sieh auch: Schmiere.

Winkelhaken. 1. ein Werkzeug der Setzer. „Winckelhack". Jo. Henr. Alstedii Encyclopaedia 1630 bei **Wolf** II 1054. Dieselbe Schreibung bei **Gveintz.** — „Winckelhacken". **Der Edle Greiff** bei **Hornschuch** 120. (**Harsdörffer**,) Gesprächspiele, Teil IV, Nürnberg 1644, S. 412. **Redinger**, Dedicatio. **Pater** 14. —

„Winckelhacken, ist ein eisernes, stählernes, oder messinges Instrument vor die Setzer, welches gantz genau von innen und ausen einen geraden Winckel haben muß, damit die darein gesetzten Zeilen recht ausgeschlossen werden können." **Geßner-Hager.** — „Winkelhaken, in welchem der Setzer die Wörter setzet und zu ganzen gleichbreiten Zeilen bildet oder ausschließt." **Täubel** s. v. Setzer-Instrumente. **Waldow.** — Der Setzer hat auch noch einen besonderen „**Korrigier-W**". **Waldow** s. v. Korrektur.

2. ein hölzernes Werkzeug der Schriftgießer. **Geßner-Hager** s. v. Eisen. — **Waldow** s. v. Schriftgießerei.

Wurm s. Norm.

zausen s. Haare zausen.

Zeichen. 1. „. . . Der Drucker theilet bey dem umschlagen einen Ries in 2. Theile, und nennet jedes ein Zeichen, welches er in einer Stunde auf einer Seite drucket, und also in 2. Stunden 500. Bogen vollendet." **Geßner-Hager** s. v. Pappierzeichen. — „Der Druckerherr läßt das Pappier Buchweiß abzählen und bey jedem Ries ein Zeichen machen, damit der Drucker bey Feuchtung desselben die Abtheilung machen kan, er [der Drucker] theilet alsdenn einen Ries in 2. Zeichen, zum Exempel wenn von einem Wercke 1000. Auflage, so macht er 4. und wenn 1500. Auflage 6. Zeichen, und so fort." **Ders.** s. v. Pappier abzählen.

2. s. Charakter.

3. s. Korrekturzeichen.

zeichnen. 1. „Dannenhero offt vnd viel σφάλματα vnd Vitia gefunden werden / die sie / ob schon die Correctores solche gezeichnet / durch jhre Vnachtsamkeit haben stehen lassen." **Hornschuch** 6. — „Steht irgendwo ein falsches Wort, so wird es ausgestrichen, und das rechte am Rande also gezeichnet . . ." **Täubel** I, Anhang.

2. s. signieren.

Zeichnung s. Signatur 1.

Zeile. „Z." **Der Edle Greiff** bei Hornschuch 120. — **Hornschuch** 20. „versus, seu lineae, Zeilen". **Pater** 14. — „Z., **Linie, Linea** . . ." **Geßner** u. **Täubel** in den deutsch-ital. Kunstwörterverzeichnissen. — „**Hauptzeile**". **Geßner**, Deutsch-französisch. Kunstwörterverzeichnis. **Täubel** s. v. Haupttitel, wonach es die größte Zeile desselben ist, in welcher der Hauptbegriff des Inhalts eines Buches ausgedrückt wird. **Waldow.**

Zeile halten (beim Zeitungssatz) s. v. w. ansetzen.

Zeilentabelle. „Schrifftkegel- oder Zeilen-Tabell / Wieviel Zeilen eine Schrifft gegen die andere [z. B. Text gegen Tertia] austräget". **Thun.**

Zeilenweiser s. Divisorium.

Zeug. 1. das zum Gießen der Typen verwendete Material. „Mein zeug der wil nit fließen", sagt der Schriftgießer in **Jörg Busch's** Lied aus dem 16. Jahrh. (bei **Osk.** Schade, Deutsche Handwerkslieder, Lpz. 1865, S. 25). — „Zeug oder

Metal". **Ch. Vester**, Löbl. Buchdrucker-Kunst, Halle ca. 1670 (bei Wolf II 498). — „Z. der Schriftgießer, bestehet aus Bley, Spießglaß und Eisen, darunter etwas Zinn und Kupfer genommen wird." **Geßner-Hager** I. — „Massa, oder Zeug, ist dasjenige, woraus der Schriftgießer die Schriften gießet". **Geßner-Hager** III. — „der geschmolzene Zeug (Massa)". **Hübners** Natur- u. s. w. Lexicon, Leipzig (1. Aufl. 1712) 1776 s. v. Schriftgießer. — „Schriftgießerzeug". **Täubel**. — **Waldow** verweist von „Schriftzeug" auf „**Schriftmetall**" und spricht sonst auch von „Schriftmaterial". — Sieh auch: König, und Materie.

2. „Z., nennet man die alten abgenutzten Schriften, welche man wieder umgießen lassen kan". **Geßner-Hager** I. — „Z., Bezeichnung des unbrauchbar gewordenen Schriftmaterials". **Waldow**, der auch „**Altzeug**" hat. — **ins Zeug werfen**, unbrauchbar gewordene Buchstaben in eine Kiste werfen und später zum Einschmelzen verkaufen. **Waldow**, Die Buchdruckerkunst, Bd. I, Leipzig 1873, S. 177.

ziehen. Der Lehrjunge soll unterwiesen werden „im Ziehen und Auftragen". **Kurf. sächs. Buchdr.-Ordng.** 1606 bei **Werther** 17. — „den Bengel [Ziehpengel **Pater** 14] an der Presse z." **Pater** 56. **Geßner** 418. — „Z., muß der Drucker (Preßmeister) mit dem Bengel an der Presse". **Täubel**. — „Z., s. v. w. Herüberziehen des Bengels der Handpresse zum Zweck der Ausübung des Drucks auf die Form." **Waldow**.

Zwereiter s. Preßmeister.

Zueignungsschrift s. Dedikation.

Züge, eine Art Zierrat. „Z." Jac. Bornitius 1625 bei **Wolf** II 1046. — **Hornschuch** 50. — **Gveintz**. — „Z." und „**Federzüge**" (aus Schriftmetall und Messing). **Waldow**.

Zunge, die bei einigen Schiffen (s. d.) des Setzers auf dem Boden noch befindliche zweite Platte. „Schiffzunge". **Geßner-Hager** s. v. Schiff. — „Z." **Waldow** s. v. Setzschiff.

Zurichtbogen s. Margebogen.

zurichten. 1. Der Lehrjunge soll unterwiesen werden „im Zurichten". **Kurf. sächs. Buchdr.-Ordng.** 1606 bei **Werther** 17. — „Formate z." **Vietor** 18. — „Die Form wird nun zur Preß gebracht / vom Drucker zugerichtet." **Buchdruckerlied** 17. Jahrh., Str. 8. — „Z., heißt diejenige Handlung des Druckers, wenn er die Forme in die Presse genommen, und die Register suchet, daß nemlich Columne auf Columne richtig eintreffe." **Geßner-Hager**. — „Z., faire le registre." **Geßner** u. **Täubel** in den deutsch-franz. Kunstwörterverzeichnissen. — „Z. heißt eigentlich so viel als Register suchen. Dazu gehören alle diejenigen Handgriffe des Druckers, die er anwenden muß, wenn er die eingehobene Forme in die Presse so legt, rückt, und endlich befestigt, daß selbige ganz genau auf die vorher abgedruckte paßt." **Täubel**. — „Die **Zurichtung** bezweckt die Erlangung eines gleichmäßigen, scharfen und reinen Drucks der

Druckform in allen ihren Teilen. Dies geschieht durch Unterlegen der zu schwach und Ausschneiden der zu stark kommenden Partien der Form auf dem Margebogen." **Waldow.**

2. „Das Gießinstrument muß [vom Schriftgießer] jedesmahl nach der Höhe und nach dem Kögel der Schrift zugerichtet werden, die in demselben gegossen werden soll." **Täubel** s. v. Schriftgießer-Instrumente.

Zusagetag s. Anredetag.

zusammengedruckt s. kompreß.

Zuschrift s. Dedikation.

Zuschuß. „der schelmische Z." **Pater** 99. — „Z., oder **Nachschuß**, wird dasjenige geheissen, wenn ein Buchdrucker bey einem Werck etwas darüber legt, damit, wenn an der Auflage was abgegangen, er die richtige Zahl dem Verleger liefern kan. Der rechtmäßige ist zu billigen . . . Der unrechtmäßige, oder nachtheilige, aber ist strafenswürdig. Weil dadurch der Verleger Schaden leydet: Doch muß sich derselbe nicht weigern, gegen Erlegung eines Geldes, selbigen anzunehmen, weil er dadurch dasjenige verhindert, was ihm Tort erweisen kan." **Geßner-Hager.** — „Bey jedem Bogen eines jeden Werkes, das gedruckt wird, muß bey jeder Auflage von 1000 Exemplaren ein Buch darüber oder sogenannter Zuschuß mit abgedruckt werden, damit, weil oft Bogen verunglücken . . . oder verdorben werden, man aus den Zuschußbogen die Exemplare gehörig ergänzen . . . kann". **Täubel** s. v. Defectbogen. — „Z., eine Anzahl Bogen über die Auflage, wird stets der Auflage beigegeben, damit für den während des Druckes entstehenden Abgang an mangelhaften Drucken ausreichender Ersatz vorhanden ist." **Waldow.** — Sieh auch: Nachschuß.

Zwiebelfische, wie ein Haufen kleiner Fische durcheinandergeratene Buchstaben. (Ähnlich in der ital. Druckersprache: pescherello.) „Zwiebel-Fischgen . . . die einzelne Buchstaben / so im Auskehren der Buchdrucker-Stuben im Kehricht funden / und der Magd oder Jungen passiret . . ." **Adrian Beiers** Handlungs- u. s. w. Lexicon, Jena 1722. — „Z., werden bey Druckereyen diejenigen Buchstaben genennet, welche dem Setzer ohnversehens auf die Erde fallen, oder sonsten bey Ablegung einer Form untereinander fallen, welche er mit Mühe in den Winckelhacken setzen, und eintzeln in Kasten legen muß." **Geßner-Hager.** — „Z., eine große oder kleine Anzahl verschiedener durch einander gefallener Buchstaben." **Täubel.** — „Z., zusammengefallene Stücke Satz." **Waldow.** — Daher: **Zwiebelfischkrämer,** ein unordentlicher Setzer. **Aug. Marahrens,** Handbuch der Typographie, Bd. I, Leipzig 1870, S. 89. — Sieh auch: Eierkuchen.

Zwischenschlag, der mit Quadraten oder Regletten ausgefüllte Raum zwischen Kolumnentitel und Text. **Waldow.**

Beilagen.

I.

Doch braucht den Bengel frisch jhr Drucker / vnd die Ballen /
Die Spindel / Lauffebret / die Farbe vnter allen
Dörfft jhr / Schließnagel / Ram / auch Esel[1] / Mütterlein /
Schwam / Mater / Ballen-Knecht / Farbeisen / Farbestein /
Die Rolle / Tiegel / Büchs / Puncturen / Schrauben / Walle /
Karn / Galgen[2] / Fundament / Feuchtbreter / Korbel[3] / Schnalle /
Rameisen / sampt den Filtz / das Klopffholtz / Feuchtestein /
Steg / Antritt / Schienen / Keil / zur Presse müssen seyn.
Der Setzer darff Diviß / Tenacel / Aal vnd Schiffe /
Viel kleine Fächelein / darein er manche Griffe
Thut / eh der Winckelhack macht die Columnen voll:
Er weis was er vor Schrifft zu jedem brauchen sol.
Da siehstu Cicero / Petit / Garmond vnd Mittel /
Cursiv / so viel Antiq' / Canon der Bücher Tittel /
Anfängt die Jungfer-Schrifft / Corpus / Qvadrat / Missal /
Sampt manchen Spatien / bedarff er überal.
Figuren / Röselein / viel Steg mit vielen Zügen /
Viel Blumen-Kräuter-Stöck die Formen recht zu fügen[4].
Vnd schreibt in schneller Eyl / daß man sich wundern muß /
Durch Eisen / Ertz vnd Stahl / mit Oel vermengtem Ruß.
Ein Abdruck allererst gibt er zu überlesen
Dem / ders verbessern sol / vnd wann es recht gewesen /
Macht er den Schöndruck / drauff des Wiederdrucks Format.
Vnd diß kömt alles her aus eines Teutschen Rath.

---

[1] Vietor, Schmatz und Thun schreiben: „Essel".
[2] Vietor, Schmatz, Thun und Ernesti schreiben: „Kalgen".
[3] Geßner-Hager schreibt: „Gorbel".
[4] Vietor, Schmatz und Ernesti haben dafür:
„Viel Leisten / Rößlein / Spän / Figurn der Mensch- und Thieren /
Auch Blumen-Kräuter-Stöck / die Formen schön zu zieren."

Obige Reime stammen aus einem Jubelgedichte des um die deutsche Philologie als Verf. einer Sprachlehre sowie einer Rechtschreibung nicht unverdienten Halleschen Rectors Christian Gueintz († 1650), welches anhebt:

„GRoß bist du Spanien / hochmüthig deine Sinnen"

und zuerst im Jubilaeum Typographorum Lipsiensium vom Jahre 1640 veröffentlicht ist; dann sind sie öfter wieder abgedruckt, bald ganz, wie in Vietors und Schmatz' Formatbüchern und bei Ernesti, bald mit Auslassung einiger Verse, wie bei Thun und Geßner-Hager.

II.

Buchdruckerlied.

In der Melodey: Ach Amarillis hast du dann / 2c.

1.

DIe Mutter aller Künste frey /
hab ich gar oft gelesen /
ist die edle Kunst-Druckerey /
sie ist ein nützlich Wesen /
ja Gottes Gab /
vom Himmel ab /
oft sollen wir drum loben
den grossen Gott höchst oben.

2.

Ihr Kunstverwandten freut euch sehr /
der gantze Drucker-Orden;
danckt Gott / und gebt ihm alle Ehr /
die solche Künstler worden /
ihr habt das Lob /
es weists die Prob /
für andern Künsten allen /
niemand laß ihms mißfallen.

3.

Der Setzer fertig und bereit
sein Arbeit thut antretten /
die Schrifften in die Kästen streut /
man dörfft bald darauff wetten /
nicht jedes Wort
komm an sein Ort /
dieweil er sehr thut eilen /
recht legt er ab die Zeilen.

4.

Drauf fängt er an zu setzen fort /
was ihm wird fürgegeben /
aus den Kästen bald da / bald dort /
in Winckelhacken eben /
von dem ins Schiff
mit Vortheils-Griff
weiß ers zusamm zu bringen /
und mit der Schnur verschlingen.

5.

Die Columnen nach Art und Zier
er ordentlich thut schiessen
auff ein Setz-Bret / nach Kunst-Gebür /
daß ihm nicht bringt Verdriessen /
genannt die Steg
auff alle Weg
bequem er thut anrücken /
so muß sichs recht wohl schicken.

6.

Dann nim̄t er eine eisern Rahm /
über die Form zu legen /
und schraubt darmit die Schrifft zusam̄ /
kein Buchstab kan sich regen /
jetzt rufft er nu
dem Drucker zu /
ders in die Preß soll rucken /
und einen Druck abdrucken.

7.

Dem Author wird der zugeschickt /
ihn fleissig zu durchgehen /
wann er was falsch darinn erblickt
alsbald im übersehen /
schreibt ers in Rand /
wie es bekandt /
biß all Fehl sind notiret /
dann wird es corrigiret.

8.

Die Form wird nun zur Preß gebracht /
vom Drucker zugerichtet /
wann das Register recht gemacht /
daß ihm nichts werd vernichtet;
rufft er frisch auff /
mit Ballen drauff /
die Form ist zugeschlossen /
trag auff / sey unverdrossen.

9.

Feucht Papier sticht er fleissig ein
in spitzige Puncturen /
es hat das ober Rämelein
Creutz- Mittel-Steg und Schnuren:
bald in dem falln
thut ers verschnalln;
den Deckel niderlässet /
und schöne Drücke presset.

10.

Wann die Auflag ihr Zahl nun hat /
die Form wird ausgetragen /
man setzt sie in ein Laugen-Bad /
und thut sie siedheiß zwagen /
nach Waschens-Brauch /
mit Wasser auch
muß man sie wol begiessen /
die Asch rein abzufliessen.

11.

So wird die Kunst getrieben fort /
biß ein Werck geht zu Ende /
wie es hier steht von Wort zu Wort /
gar hurtig und behende:
Setz'r / Drucker ihr
habt Lob dafür /
um euer Müh und Gaben /
die Kunst ist werth zu haben.

Dieses „M. S." [= Michael Schirmer?] unterschriebene Lied bildet den Schluß der Zugabe zu der dem Redingerschen Formatbüchlein angehängten Depositio vom Jahre 1677.

III.

Vergleichung des menschlichen Lebens
mit
der Edlen Buchdruckerey,

bey einem in Wittenberg, am 2. Pfingst-Tag 1702.
gehaltenen Postulat zu betrachten
übergeben.

Das Leben dieser Welt gleicht einer Druckerey,
wo sich die Sterblichen zu Preß- und Kästen dringen;
Hier trägt ein jeglicher gesammte Kräffte bey,
und will mit seiner Schrifft den besten Preiß erzwingen.
Ach aber blindes Volk, der schlechten Officin!
Ach Pressen, die ihr nichts als Sünden-Farben drücket!
O Schrifften, die sich nur um Weh und Angst bemühn,
ja blosse Nichtigkeit auf alle Messen schicket!
Diß Wesen fieng sich schon in Edens-Garten an,
GOtt hatte sein Gesetz als Exemplar gegeben;
Es gienge Preß und Schrifft, wie man verlangen kan,
und trug auf jedes Blat die Sprüche von dem Leben.
Doch da der Menschen Feind die böse Lust dictirt,
ließ sich der Even Hand das Setzer-Werk belieben,
ja Adam hat hierauf das Drucken so vollführt,
daß die verfälschte Schrifft bis diese Stunde blieben.
Zwar hat des Höchsten Gunst die Correctur versehn,
doch siht man, wie die Schrifft voll Schmutz und Fehler bleibet;
Drum muß auch Fluch und Zorn um alle Zeilen gehn,
bis endlich gar der Tod sein deleatur schreibet.
Es rühmt sich mancher zwar mit reiner Jungfer-Schrifft,
und will sein Postpapier mit güldnen Littern schmücken,
doch wo ihn GOttes Recht mit seiner Schärffe trifft,
so läst die Heiligkeit nur grobe Canon blicken.
Was ist indeß vor Schrifft zu unserm Wohlergehn?
Die Hoffnung pflegt mit nichts als der Missal zu prahlen,
doch wenn wir nur den Druck mit offnen Augen sehn,
kan öffters kaum Petit die Glücks-Columnen mahlen.
Es mengt sich stets Fractur in unsre Freude ein,
und bricht die ganze Lust, das Weinen folgt dem Lachen,
die Wohlfahrt will Cursiv und auf dem Sprunge seyn,
im Fall wir sie im Geist nicht zu Antiqua machen.
Der Schöndruck pranget offt mit lauter Herrlichkeit,
doch, soll der Wiederdruck das schöne Werk vollführen,

so wird das ganze Blat mit Putzen überstreut,
ja manchmal ist wohl gar ein kahler Münch zu spühren.
Wer merkt die Hefftigkeit der vielen Pressen an?
Bald läst sich Gifft und Neid den Bengel anvertrauen,
bald wird die Spindel selbst mit Kummer angethan,
denn läst sich Sorg und Angst um alle Ballen schauen.
Die Mutter ist der Fluch, der steten Jammer zeugt.
Die Wände decken sich mit tausend Hindernüssen.
Die Büchse zeigt ein Loch, aus dem nur Ubel steigt.
Der Tiegel will von nichts, als Brand und Schmerzen, wissen.
Der Karren führet stets beschwehrtes Ungemach.
Des Lebens Fundament muß endlich selbst zerbrechen,
und lässet endlich schon die Jammer-Presse nach,
so heist uns doch der Tod in die Puncturen stechen.
Dahero wohl, und aber wohl, ist dem geschehn,
der hier dem Drucker-Stand der Eitelkeit entgangen!
Der darff nicht mehr, wie wir, an Sünden-Kästen stehn,
noch die beschmutzte Schrifft aus schwarzen Fächern langen.
Der trägt das Jehovah auf ein geweihtes Blat,
die Littern sind voll Lust, die Zeilen voll Vergnügen;
Hier ist nur Farben-Schmuck, dort bildet sich die That,
und solchen Freuden-Druck darff nie ein Schmutz besiegen.
Die Presse strenger Noth, so unsre Seelen drückt,
verwandelt sich daselbst in sanfftes Wohlgefallen,
dann läst ein solcher Mund, den JEsus Lust entzückt,
zuletzt noch diesen Ruff in aller Sinnen schallen:
Zu guter Nacht, ihr Druckereyen,
ihr Unglücks-Pressen, gute Nacht:
Druckt fort in euren Wüsteneyen,
wo Lauffbret, Schinn- und Deckel kracht.
Ihr feuchtet stets mit heissen Zähren
die Bogen eures Lebens an,
und last sie einen Stein beschwehren,
den nur der Tod erheben kan.
Ich bin der Officin entkommen,
wo man nur Leichen-Reden setzt,
hier wird mein Geist im Reich der Frommen
mit lauter Freuden-Schrifft ergötzt.
Jetzt hab ich glücklich postuliret,
der Höchste selbst will Pate seyn,
der Nahme, so mich künfftig zieret
heist: JEsus ist mein Sonnenschein.

Von Ernesti am Ende seines Werkes wiedergegeben.

IV.

Dis [das Papier] ist der edle Stoff, darauf man nur geschrieben,
So lang die Drucker-Kunst der Welt verborgen blieben;
Bis Straßburg uns ein Kind, den Guttenberg, gebahr,
Der dieser edlen Kunst zu Maynß Erfinder war.
Der dritte Friedrich war damahls in deutschen Landen,
Als Kayser, Herr und Held des Römschen Reichs vorhanden,
Als unser Guttenberg auf diesen Einfall kam,
Und dieses gantze Werck versuchend vor sich nahm.
Wie? dacht er bey sich selbst, als bey dem Wapen-Ringe
Und dessen Druck ins Wachs er denckend in sich gienge,
Wie, wenn ich hinterwärts Buchstaben also trieb,
Und so mit leichter Müh' hinführo Bücher schrieb?
Er fings versuchend an; doch wolt es schwerlich gehen;
Drum ließ er offtermahls die gantze Sache stehen.
Doch lag' ihm selbige noch immer in dem Sinn,
Und trieb ihn zum Versuch die Lust aufs neue hin.
So, wie ein alter Bär von seinen Jungen fliehet,
Wenn er sie ungestalt im Blute liegen siehet,
Und dennoch wiederkehrt, und sie durch Lecken schmückt:
So war dem Guttenberg das, was er erst gedrückt.
Daß aller Anfang schwer; diß hat in vielen Jahren
Der sonst so kluge Kopff bey seiner Kunst erfahren.
Er wurde arm dabey; biß Faustus zu ihm trat,
Der ihm durch Witz und Geld sehr grossen Vorschub that.
Doch da sie anfangs nur von Holtz die Littern machten;
Was Wunder? daß sie noch sehr schlecht ihr Werck vollbrachten;
Bis Peter Schöffer kam, der sich auf Erz verstund,
Und die gegossne Schrifft, die man ietzt braucht, erfund.
Er grub in weichen Stahl die Buntzen zum Buchstaben;
Und wenn er adjustirt, das was er ausgegraben:
So schlug er iedes ab; und härtete den Stahl,
Und hatte Kupfer-Blech nach dieser Stempel Zahl,
Worein er iedes Stück nach seiner Länge senckte,
Und nach der Dicke denn das Blech um solches schrenckte,
Die er dahero auch Matrices hat genennt.
Hierauf ersonn er noch ein künstlich Instrument.
Wenn nun dasselbige den Stempel fest umschlossen,
Der in Matrice ruht; so ward darein gegossen.
Zwey Hacken nahmen gleich den Guß; und that im Nu
Das Instrument sich auf, und schloß sich wieder zu.

Schleiffstein, Justorium, Stoßzeug und solche Sachen
Nahm man nunmehr zur Hand, ihn völlig gut zu machen.
Wie man denn noch verfährt nach ietzt bemerckter Spur,
Und giebt den Littern so die rechte Signatur.
Wenn sie hier offtmals sind durchs Künstlers Hand gelauffen;
Kaufft und verkaufft man sie in ungezehlten Hauffen,
Und gantze Centnerweiß; Legt iedes Alphabeth
In Kasten-Fächergen, wovor der Setzer steht.
Man sieht ihn aufgericht am Kopffe, Leib und Füssen;
Das Auge prüfft genau, was Finger greiffen müssen.
Ein reines Manuscript und was nach Mutter schmeckt,
Ist Augen und Verstand gar leicht und aufgedeckt;
Hier geht das Werck mit Lust und ohne vieles Sorgen:
Bey fremden gehts offt schwer, weil Zug und Sinn verborgen.
Den Winckelhacken hält und führt die lincke Hand,
Die Rechte ist zum Griff bald hin, bald her gewand,
Columnen einer Schrifft, und Formen voll zu bringen.
Er braucht, wo ihm sein Werck nach Wunsche soll gelingen,
Das Divisorium, Tenackel, Form-Regal,
Setzbret, Setzlinie, Schiff, Corrigir-Stuhl, Ahl,
Er wär der letztern zwey gar gerne überhoben;
Allein wo kan das Werck gleich seinen Meister loben?
Columnen bindet er im Schiff mit Schnüren fest,
Daß sie sich durch die Zung aufs Setzbret schiessen läßt.
Wenn er nun solche wohl mit Stegen unterschossen,
Und mit Schließnageln hat die Form im Rahm geschlossen:
So muß zu rechter Zeit das Klopfholtz drüber gehn,
Daß erst die Littern gleich, hernachmals feste stehn.
Hat nun des Setzers Fleiß sein Werck so weit zu Ende;
So überliefert er es in des Druckers Hände,
Der es aufs Fundament in seiner Presse legt;
Da sein Gespan denn schon die muntern Hände regt,
Mit runden Leder-Balln den Fürniß klar zu schlagen,
Und ohne Mönchschlag ihn den Littern aufzutragen.
Doch da ich ietzo nur von Drucker-Fürniß sprach:
So setz ich dir so gleich die Zubereitung nach.
Wenn man rein Leinöl erst hat dicke lassen sieden;
Den Koth-Schaum abgekröscht, der sich davon geschieden:
So hält man etwas Brodt und eine Zwiebel drein,
Bis beydes völlig schwartz. Dis soll sehr dienlich seyn,
Und viele Fettigkeit des Leinöls in sich saugen,
Wodurch die Schrifft sonst gelb und heßlich in die Augen

Nach eingen Jahren fällt. In diesen Fürniß nun
Kanst du Zinober, Ruß, Spangrün und sonst noch thun,
Was Farbe dir beliebt. Doch, soll der Druck nicht kleben,
Must du den Firnß etwas vom Vitriole geben,
Und von der Silberglätt. Wenn du von iedem hast,
Als etwa ohngefehr des Messers Spitze fast,
So hast du schon genung. Soll sich der Ruß wohl mischen,
Und soll das theure Roth, Zinober, nicht entwischen:
So gieb aufs letztre acht; den Ruß zerreibe klein,
Und schütt alsdenn ihn erst ins Farbe-Faß hinein.
Die andre Farbe läßt sich leicht in Oel zerreiben.
Doch soll der Fürniß nun vor Staube sicher bleiben;
So giesse man so bald ein wenig Wasser drauf.
Denn dieses fängt den Staub, und hält ihn oben auf.
So bleibt der Fürniß gut, die Farbe schön und reine.
Hat nun der Drucker sie auf seinem Farbe-Steine,
Nimmt er, wie obgedacht, die ausgestopfften Balln,
Reibt, schlägt den Fürniß klar, und trägt den Littern all'n
In Ordnung Farbe auf. Nach diesem wird ein Bogen,
Der angefeuchtet liegt, wie folget, abgezogen:
Erst sticht der Drucker ihn an die Puncturen ein,
Die an dem Deckel sind, da wo die Brüche seyn,
So ieder Bogen hat. Dis hält ihn unverrücket.
Ist mit der Schnalle nun das Rähmgen aufgedrücket,
Sind die Patronen gut, und alles wohl bedeckt,
Weil sonst die Forme leicht, was weiß seyn soll, befleckt:
Legt er den Bogen auf, und schiebt den Karn zum Tiegel,
Der, soll der Druck gut seyn, so glatt als wie ein Spiegel
Und Eisen-fest seyn muß; tritt an den Antritt an,
Ergreifft den Bengel, zieht, so starck er immer kan.
Wodurch der Tiegel denn den Deckel nieder treibet,
Und die verkehrte Schrifft der Forme richtig schreibet
In einem Augenblick; so richtig es das Blat,
Und derer Setzer Fleiß vorher geschrieben hat.
Weil aber Manuscript und offt des Setzers Augen,
Wenn er ablegt, ließt, setzt, nicht, wie sie sollten, taugen;
Ja, Uebereilung es gar offtmahls dahin bringt,
Daß er hier Hochzeit macht, dort Leichen-Lieder singt,
Weil Divisorium von unten oder oben
Nicht mit Behutsamkeit und richtig fortgeschoben:
So giebt man viermahl offt, auch drey und zweymal nur,
Wornach der Setzer gut, den Druck zur Correctur.

Wo der Corrector nun nicht selbst den Fehl versiehet;
(Wie denn gar leicht etwas das schärffste Auge fliehet,
Auch mancher gantz und gar die Arbeit schlecht versteht,
Und offt aus Unverstand den Fehler übergeht;)
So zeigt die Correctur durch Zeichen, wo geirret.
Wenn hier der Setzer nicht aufs neue was verwirret
Und mit der Ahl den Fehl auch auf der Forme trifft,
Und nicht das falsche läßt, und neue Fehler stifft:
(Wie offt dergleichen Fehl von neuen unterschleichet!)
Wird die Revision dem Setzer überreichet;
Der Spiesse niederdrückt; Wurm, Signatur erhält;
Was krum, gerade rückt; erhebt, was niederfällt;
Columnen-Ziffern prüft, und ändert ietzt bey Zeiten,
Weil man hernach nicht kan, die mind'sten Kleinigkeiten.
Im reinen Feuchte-Faß wird das Papier genetzt,
Feucht-Breter, Feuchte-Stein hernachmahls drauf gesetzt,
Damit den gantzen Stoß die Nässe wohl durchdringe,
Und Schön- und Wieder-Druck nach Hertzens-Lust gelinge;
Daher der Drucker offt den Stoß Papier umschlägt,
Und, wo fehlt, Wasser nach mit einem Schwamme trägt.
Der Kalgen muß die Deck, Papier der Esel tragen.
Und wenn die Forme erst mit Keilen gleich geschlagen,
Und unbeweglich steht; wenn Bogen aufgesteckt:
So wird der Kalgen frey; die Forme zugedeckt.
Die Waltze treibt den Karn auf Schienen hin und wieder;
Die Spindel, Tiegel geht in Eil bald auf, bald nieder.
Er darf bey ieder Form nur zweymal niedergehn:
So muß im Augenblick die Schrifft vor Augen stehn.
Diß wird mit einer Form so eyfrig fortgetrieben,
Bis so viel Schön-Druck da, als Exemplar verschrieben;
Der Wieder-Druck hält auch den vorbeschriebnen Lauf,
Der Drucker deckt die Form bald zu, bald wieder auf.
Verlangst du, daß dein Buch ein bunter Titul ziere;
So wird der saure Schweiß versüßt mit Titul-Biere.
Der Drucker rechnet bunt vor ausserordentlich.
Schwartz ist sein Tagewerk; bunt ist sein Ueberstich.
Wie nun sein Herre ihm den Ueberstich belohnet;
So ist er Fremden nichts umsonst zu thun gewohnet.
Verleger! mercke dis. Denn die Rubric wird schön,
Und gleich das erste Blat des Buches Pracht erhöhn.
Der Gorbel wird den Karn, wenn wohl geschmiert, wohl treiben.
Doch muß das Laufbret auch gehörig stehen bleiben

Weil man sonst, wie man spricht, den Karn in Koth verschiebt,
Und halb den Druck nur schön und halb verblichen giebt.
Man nimmt Waschfaß, Waschbret, Waschbürste, Schwamm behende,
So offt der Abdruck gantz von einer Form zum Ende;
Gießt scharfe Lauge auf, und macht die Littern rein.
Sie würden ohne dis nicht lange brauchbar seyn.
Nun muß Behutsamkeit vor allen andern Dingen
Auf dem Ablegespan sie in die Fächer bringen.
Legt man mit Vorsicht ab, und übereilt sich nicht;
So hat man in der That ein gutes Werck verricht.
Man wird nicht halb so viel, als sonsten, Fehler setzen;
Man darf die Ahle nicht so vielmahl spitzig wetzen;
Erwirbt mehr Geld und Ruhm; erhält die Littern scharf,
Da man die Ahle nicht so offtmahls brauchen darf.
Ach! wenn die güldne Zeit doch heute wieder käme,
Daß man zu Setzern nur geschickte Knaben nähme,
Die in Latein und Schrifft geübt, wie sonst geschehn;
Man würde nicht so leicht die gröbsten Fehler sehn.
Wenn alle Schulen doch mit Ruhm der Kunst gedächten,
Und manches kluges Kind zu dem Entschlusse brächten,
Bey seiner Armuth sich derselbigen zu weyhn,
Und ein Frobenius und Oporin zu seyn.
Man kan ja deutlich noch mit viel Exempeln weißen,
Daß setzen sonderlich Gelehrter Werck geheissen.
Der Drucker brauchet nur des Greifes Eigenschafft;
Der Setzer braucht Verstand, nicht grosse Leibes-Krafft.
Gewiß, es könten sich Studenten auch bequemen,
Den Ancker dieser Kunst bey Armuths-Sturm zu nehmen;
Wär nur der Jungen-Stand bey diesen nicht ein Joch,
Und hörnte man zum Spott nicht die Cornuten noch.
Sonst ist die edle Kunst so himmelhoch gestiegen,
Es kan der Adler selbst nicht leichtlich höher fliegen.
Wenn man den alten Druck ietzt gegen neuen stellt;
So schämt sich jener fast des Tage-Lichts der Welt.
Man sehe selbsten an der Schrifft verschiedne Proben.
Es wird gewiß das Werck den klugen Meister loben,
Der grob und kleine Schrifft so mannigfaltig gießt,
Und bald den Kegel so, bald so, bald so erkießt.
Im Deutschen zehlet man Schwabacher und Fracturen.
Und o was Unterscheid ist unter den Figuren!
Da auch Petit-Fractur lang-schmalen Kegel hält,
Da die Schwabacher stets mehr in die Breite fällt.

Sabon, Missal, Canon, Fractur von gröbster Sorte,
Sind ihrem Kegel nach an einem jeden Orte
Fast von verschiedner Art. Doch dadurch überein,
Daß ieder dieser Schrifft sich zeiget grob und klein,
Und immer stuffenweiß auf kleinre Kegel steiget,
Bis sich die Nomparel im kleinsten Grade zeiget.
Und folglich steigt Fractur den Graden nach also:
Petit, Bourgis, und Corps, Klein- und Grob-Cicero,
Klein- und Grob-Mittel, Tertia, Text, Doppel-Mittel,
Canon, Missal, Sabon, die man nur auf dem Tittel
Der Folianten setzt, und zwar an keinen Ort,
Als wo der Haupt-Zweck liegt, und wo ein Ehren-Wort.
Schwabacher pflegt alsdenn sich in Fractur zu mischen,
Wo man den Leser will zur Achtsamkeit erfrischen;
Indem man Schrifft anführt, und grosser Männer Wort:
Und diese steiget nun in Graden also fort:
Petit, Bourgis, und Corps vermischt man mit Fracturen,
Die gleiches Namens sind; woraus man denn die Spuren
Merckwürd'ger Dinge sieht; und mit der Cicero,
Und Mittel-Schwabacher verfährt man eben so.
Antiqua und Cursiv sind bey Lateinschen Wercken.
Der erstre Nahme will der Alten Druck bemercken;
Der andre sagt, was offt im Druck gewöhnlich sey.
Doch zehlt Antiquam man auch der Currantschrifft bey
Von Doppel-Mittel an. Das Auge wird erfreuet,
Wenn man zu rechter Zeit Cursiv-Schrifft eingestreuet.
Dem Leser wird sogleich der Kern der Schrifft entdeckt,
Und zu dem übrigen ein Pharus aufgesteckt.
Gelehrte, die ein Werck in fremder Schrifft verfassen,
Und aus der Druckerey sich Proben zeigen lassen,
Und nennen selbst die Art, so hie und da soll seyn,
Die rathen ihrer Schrifft und Setzern ungemein.
Was soll ich übrigens noch viele Worte machen?
Ich sage nichts, als diß: Es mag der Setzer wachen,
Wenn man Hebräisch ihm und andre Sprachen send't,
Weil ihn die Aehnlichkeit der Littern leicht verblend't.
Hier solte freylich nun Gelehrter Hand vor allen
Dem Setzer leserlich gleich in die Augen fallen;
Der bey Consens-Arbeit durch Eil nach Brodte geht,
Nicht bey den Littern erst nachdenckend stille steht,
Auch nichts ersehen kan, was nicht der Zug ihm lehret.
Doch weil man sich hiebey nicht an Erinnrung kehret,

Und bey dem Manuscript auch offt ein Oedipus
Des Sphingis Räthsel find; ja Nodus Gordius
In manchen Zeilen liegt: Wie will man denn begehren,
Daß uns ein Davus soll Schrifft ohne Fehl gewähren?
Und wenn Manutius und Stephanus noch wär;
Es würde doch ein Druck so kaum von Fehlern leer.
Obgleich alsdenn ein Buch die schöneste Vignette
Bey Dedication, Final und Anfang hätte;
Und die Cartouche sich bey iedem Absatz fänd;
Auch eine Forme recht und wohl geschlossen stünd;
Wär Farbe, Schrifft, Papier nicht feiner zu bekommen;
Und wär das einzige, Correct, der Schrifft benommen:
So fiel das andre zwar vortreflich ins Gesicht;
Doch wär das gantze Werck vor kluge Leser nicht.
Man hält es auch vor schwer, sich aus den Labyrinthen
Verworrner Schreiberey durch Rechen-Kunst zu finden,
Wie viel im Druck es hält. Doch wird der Ausgang leicht,
Wo Ariadne dir hiezu den Faden reicht.
Soll nun die edle Kunst so, wie bey denen Alten,
Bey ihrem saubern Druck das Lob, Correct, erhalten:
So lernt ihr Setzer, lernt! und des Correctors Preiß
Sey nebst Gelehrsamkeit ein unverdrossner Fleiß.

Aus: Heinrich August Wildenhayn, Erneuerte Ehren-Gedichte auf die Edle freye Kunst Buchdruckerey u. s. w., hinter der dem Geßnerschen Werke angehängten Depositio, S. 77—91. — Der Verf. bezeichnet sich auf dem Titel als „Lips. S. S. Theol. Stud.", in der Unterschrift als „Ober-Baccalaureus bey der Stadt-Schule in Franckfurth an der Oder".

V.

Ruhm eines Schriftsetzers.

Der Setzer trotzet nicht auf seiner Glieder Kraft;
Nur ein geschärfter Sinn ist seine Eigenschaft.
Nie darf vor seinem Arm die Druckerpresse zittern;
Er suchet seinen Ruhm bey Manuscript und Littern.
Sein Werk erfodert nicht viel Arbeit, Müh' und Schweiß,
Und dennoch wird sein Kopf ihm öfters warm und heiß,
Wenn ihm das günst'ge Glück ein Manuscript bescheeret,
Daraus er rathend kaum des Autors Sinn erfähret.

Doch ist das Manuscript vollkommen deutlich, rein,
Wer kann dann fleißiger als ein Schriftsetzer seyn?
Er setzet schnell drauf los, daß Ihr Euch wundern müsset,
Wenn Ihr nicht seinen Griff und seinen Vortheil wisset;
Ein Comma und noch mehr nimmt er sich in den Sinn;
Geflügelt eilt die Hand zu denen Fächern hin,
Und weis so meisterlich die Littern zu ergreifen,
Daß sich in kurzer Zeit so Wort als Zeilen häufen.
Er schnellt und sticht drauf los, und zwar mit Vorbedacht;
Er nimmt Orthographie, Distinction in Acht;
Und daß die Correctur ihm weniger verweile,
Durchliest und bessert er zuvörderst jede Zeile.
Ja, über seine Pflicht, merkt er zu gleicher Zeit
Auch auf das Manuscript und dessen Richtigkeit,
Und wo Zusammenhang und Ordnung außen bleiben,
Dahin wird er gewiß ein Notabene schreiben.
Sein Sinn begnügt sich nicht blos mit Schriftsetzerey;
Er ist ein Criticus, er schließt und denkt dabey;
Er hilft ein kluges Buch durch seine Kunst vollenden,
Und weis desselben Werth selbst richtig anzuwenden.
Da nun ein kluges Buch den Wissenschaften nützt,
Den Aberglauben schwächt, Vernunft und Wahrheit schützt;
Dem wildesten Barbar die Menschheit wieder giebet,
So wird der Setzer nie genug geschätzt, geliebet.
Ihr Dichter dieser Zeit, schenkt ihm ein Heldenlied;
Macht ihn Titanen gleich, vor die der Schatten flieht;
Vielleicht gelingt es Euch, ihn würdig zu erheben;
Vielleicht wird er Euch selbst geneigt Gehöre geben.
Nein! Euer Ruhm und Preis rührt den Schriftsetzer nicht,
Weil jedes neue Buch von seiner Würde spricht.
In jeglicher Columm', die er auf's Bret geschoben,
Bleibt auch des Setzers Ruhm auf ewig aufgehoben.

Mitgeteilt von Täubel, Bd. II, Formatlehre für Setzer, Nr. II.

Frommannsche Buchdruckerei (Hermann Pohle) in Jena. — 2086

Kolibri 360 GmbH
Ferdinand-Jühlke-Straße 7
99095 Erfurt, Deutschland
produktsicherheit@kolibri360.de